野口悠紀雄——著
葉冰婷——譯

主宰未來的
生成式AI
大革命

生成AI革命 社会は根底から変わる

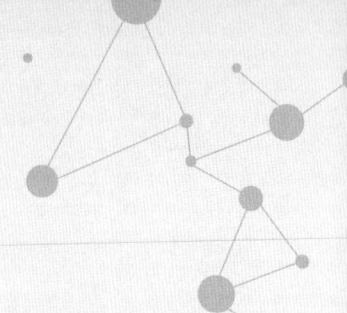

前言 PREFACE

革命已經開始了──────

　　「ChatGPT」等被稱為「生成式人工智慧」的新技術已然登場且應用迅速擴大。

　　人工智慧（AI）能夠理解人類的自然語言，而且能用這自然語言對人類的提問和指令作出正確的回答。

　　透過這樣的靈活運用，致使人類智慧的運作活動完全跟以往大不相同。它成為人類歷史上一個重大轉捩點的改變。

　　「沒有生成式人工智慧的世界」將就此結束。接著，「具有生成式人工智慧的世界」就此展開。革命已經開始了，勢不可擋。

　　人類的工作以往一直被機器或電腦所取代。然而，生成式人工智慧帶來的變化卻和那些大相逕庭。

　　第一，有別於傳統技術主要是將藍領勞工的工作自動化，而生成式人工智慧的最大影響力則是針對白領階層，而且是對智力高度要求的工作。與過去活字印刷術和網際網路所帶來的變化一樣，今後將會大規模發生。白領階層的工作今後不可能以同樣的內容和形式持續下去。

　　第二，生成式人工智慧不僅可以將特定任務自動化，還可以將各種工作自動化。具一般用途的技術稱為「GPT

（General Purpose Technology：通用技術）」，而「ChatGPT」的確稱得上是「GPT」[註1]。所以，包括間接效果在內，誰都無法擺脫它的影響。

但是，到目前為止，這個功能還不夠完善。尤其是，根據那些被稱為「幻覺（hallucination）」的現象，而做出錯誤的回答。所以，不能完全信任生成式人工智慧的答案而加以使用。有鑑於此，實際用途上受到很大的限制。即便如此，它可被使用的可能性還是很大。「幻覺」將來也有可能被解決。如果是那樣的話，它的影響是無法估量的。

具有兩個極端的情形

本書的目的在於預測「有生成式人工智慧的社會會是什麼樣子？」進而，與沒有生成式人工智慧的世界相比，評斷它會是更好的社會，還是糟糕的世界？總之，就是分析生成式人工智慧對經濟活動和社會帶來的影響。

這可以從兩個極端的情形來思考。第一個情形是，使工作自動化，結果生產力提高，社會變得更加富裕。也就是，生成式人工智慧具有實現烏托邦的可能性。

然而，自動化很有可能帶來失業。這是第二種情況。不知道收入分配會變成怎樣。雖也有可能實現平等化，但差距

〈註1〉 在「ChatGPT」中的「GPT」是「Generative Pretrained Transformer（生成式預訓練轉換器）」的簡稱。另外，關於「通用技術」意思上的「GPT」，請參閱下述著作。野口悠紀雄、遠藤諭『ジェネラルパーパス・テクノロジー』アスキー新書、2008年。

也有擴大的可能性。也就是說，生成式人工智慧帶來的社會有可能是反烏托邦。

事實上，也有可能烏托邦和反烏托邦混合在一起實現。對某些人來說，它變成能夠實現夢想的烏托邦世界，但對有些人來說，卻是失去工作，被推入反烏托邦的境地。像這樣，生成式人工智慧所帶來的影響可能是非常複雜的。至少保守來說，只要是白領階層，任誰都會受到很大的影響。很多人會擔心自己的工作是否保得住。

而且，問題並非僅止於白領階層的工作。它有可能從根部徹底顛覆社會形態。就如同在本文中詳見的，生成式人工智慧的用途不僅僅是提高事務處理的效率，也涉及到客戶服務、市場行銷、研發，甚至企業決策。企業在這些領域中如何使用人工智慧？根據這點，人們的工作方式將大大改變。

一旦採用生成式人工智慧，工作內容將發生有別於以往的巨大變化。因此，企業組織的重組和員工的重新培訓是必須的。對經營者進行再教育也是必要的。這些決不是簡單的課題。而且，即使個人努力再進修，也有可能失去工作。

對於上述的事態，政策和制度的因應具有重要的意義。因為變化太大，社會可能無法因應。如此一來，則有發生嚴重問題的危險，也有可能引發社會不安。本想期待生成式人工智慧提高生產力，實現節省人力和擴張經濟的良性循環。但事實上令人擔心它帶來的結果只是，經濟非但沒有擴大，新技術還造成失業增加。

這是世界上不管哪一個國家都會面臨的問題，但日本面臨的條件卻是特別艱困。這是因為，誠如第七章所述，透過

生成式人工智慧所帶來的自動化會造成經濟擴大，還是失業增長？關於這點，大大地取決於需求是否擴大，就以日本來說，由於整體經濟停滯，所以需求不擴大（因此，它不是經濟擴大，而是失業增加）的可能性很高。

由於可以想見日本整體經濟今後將面臨嚴重的勞動力不足問題，所以省力化技術具有重要意義。然而，由此產生的剩餘勞動力能否被適當地重新分配到人手不足的領域，仍是個問號。再者，日本經濟也面臨著「推動數位化」的課題。除此之外，還不得不面對「生成式人工智慧」這個巨大的問題。

如果因為上述這些問題而害怕變化，而不引進新技術，那麼日本必然落後於世界進步的腳步。

儘管有如此這般問題存在，但看起來日本企業似乎大多仍認為，生成式人工智慧的影響僅止於提高文書處理的效率上。決策者是否具備適當的問題意識也是一大疑問。越想越對日本的未來感到危機感。本書的目的就是要對這種事態提出警告。

「不，陛下，這是革命！」

在革命爆發的時候，能否正確認識它的意義，將會帶來極大的差異。

據說，1789 年 7 月 14 日，在距巴黎十英里外的凡爾賽宮，法國國王路易十六收到攻占巴士底監獄的報告後，結結巴巴

地說：「這是叛亂嗎？」〈註2〉

帶來消息的親信拉‧羅什富科‧利揚庫爾公爵點出問題點，說道：「不是，陛下，不是叛亂。這是革命。」

如果當時路易十六能正確理解這句話，並立即趕到巴黎指揮局勢的話，世界歷史就會大大改寫吧〈註3〉。

事實上，國王在他日記中那天（即至今法國人們視為國慶日而加以慶祝的日子）的欄位上，寫下「什麼都沒發生」，然後去就寢。

三年半後，1793年1月21日，他被送上斷頭臺處死。

◆　◆　◆

本書各篇章的概要如下所述。

「如何使用生成式人工智慧？可以如何使用？」很多人都很感興趣，因此，在第一章就來看看現今人們和企業如何使用生成式人工智慧的「現狀」。在這章中，從我做的問卷調查結果開始，介紹幾個調查結果。在商業上的應用，美國很發達，但在日本不發達。

在第二章中，就來看看所謂「可以如何使用生成式人工智慧？」這項「可行性」。生成式人工智慧的可行性遠比日

〈註2〉　史蒂芬‧褚威格（Stefan Zweig）著，中野京子譯，『マリー・アントワネット』（角川文庫、2007年）第18章。

〈註3〉　然而，褚威格也有如下的描述（書同上，第19章）。首先，無論是新人民運動的領導人還是後來的殘酷革命者，在這時都沒有預料到革命的真面目。其次，路易十六並非對革命無動於衷，而是努力理解。只是他的理解是錯誤的。

本人一般所認為的要大得多。在這章裡,可看到日本企業正積極活用的例子。此外,還介紹將生成式人工智慧嘗試應用於藥物開發等尖端領域的事實。

　　第三章闡述有關資料驅動型企業經營,這是生成式人工智慧最先進的使用方法之一。這件事能否成功將會對企業的未來業績產生重大影響吧。然而,這是一個與公司結構密切相關的問題,並不容易實現。

　　在第四章就來看看,生成式人工智慧已經持續深入醫療和法律等相關專業人士的工作中的實情。此外,還將討論在美國已成為現實的文案撰寫人失業問題,並思考工作品質和成本問題。

　　教育是一個因生成式人工智慧而受到本質上影響的領域。在第五章中將討論這一點。在這章中,還將思考生成式人工智慧預訓練用的資料使用費問題。

　　為ChatGPT提供支援的大型語言模型(Large Language Models,簡稱LLM)其機制很複雜,但如果沒有正確了解它,將無法正確使用它。尤其是,有必要了解轉換器(Transformers)模型的基本架構。關於這點,在第六章將有所說明。

　　在第七章中要思考的問題是,「使用生成式人工智慧讓作業自動化,這般自動化會增加失業率,還是會擴大經濟?」關於這點,已經有各種分析和研究發表出來,所以在本章中將介紹它們。決定是失業還是經濟擴大的最重要因素,如前所述,是需求是否隨著生產率的提高而增加。

　　在第八章和第九章中,思考「透過生成式人工智慧將如

何改變社會」。第八章所要描述的是，一個調整進行得不順利、失業率上升、社會動盪不安加劇的反烏托邦世界。最大的問題是，人們將會變得無法找到工作的意義。

第九章則描述完全相反的情況，也就是闡述一個可以實現生成式人工智慧的烏托邦世界。一個將工作視為達成自我實現之手段的世界、馬斯洛所夢見的五個層級中最頂級的世界。

另外，本書中所探討的生成式人工智慧，正確來說就是所謂的「大型語言模型」。然而，諸如「ChattGPT」、「生成式人工智慧」等術語，被視為與「大型語言模型」幾乎是同義詞，在使用上也沒有非常嚴格的區分。有關這些概念的正確關係，請參閱第六章第二節。

本書以《現代商務（Gendai Business）》、《東洋經濟線上（Toyo Keizai Online）》、《商務＋資訊科技（Business＋IT）》、《鑽石線上（Diamond Online）》發表的文章為基礎。對於在這些文章的刊登上曾關照過我的人，我想向他們表達感謝。

對於本書的出版，受到日經 BP、日經 BOOKS 部門的田口恒雄先生的幫忙，我想在此致上感謝。

野口悠紀雄

2023 年 12 月

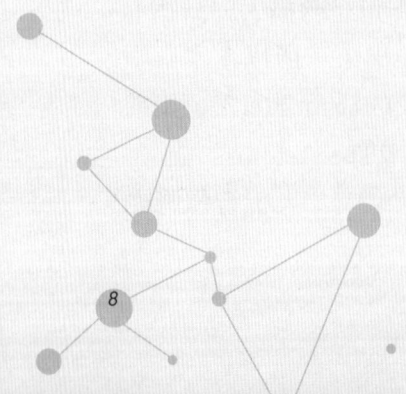

目錄 CONTENTS

前言 ——— 2

第一章　人們如何使用 ChatGPT？ ——— 22

1　**透過問卷調查了解 ChatGPT 的使用方式** ——— 23

如何使用生成式人工智慧？／預期的結果和出乎意料的結果／翻譯和摘要國外文獻的能力受到高度評價／運用在撰寫文章上比校正文章上多／運用在提出創意想法上相當多／「標題」和「問題解決方案」是提出創意想法的具體內容

2　**我如何使用 ChatGPT？** ——— 30

語音輸入的錯誤轉換校正明顯變簡單了／也能使用在資料收集上／ChatGPT 無法做到的事情／進步顯著／注意「幻覺」和能力的極限

3　**生成式人工智慧比搜尋引擎更容易使用嗎？** ——— 36

即使不知道搜索詞，用 ChatGPT 也可以查尋／搜尋引擎有時不會給你想要的答案／引進外掛程式來對抗「幻覺現象」／Bing 的快速成長和谷歌的停滯

4　**企業和地方政府如何使用生成式人工智慧？** ——— 40

日本使用生成式人工智慧到什麼程度？／地方政府的使用狀況／時事通信社的問卷／與生成式人工智慧整合的應用程式介面／未來展望

5　生成式人工智慧的影響已在教育領域顯現。在日本，企業的使用毫無進展 — 46

在日本企業中的使用沒有進展／在教育和學習中的使用不斷增加／教育界的使用領先於商業界／對教育和學習體制的影響已經顯現出來／日本能跟上這個重大變化嗎？

6　ChatGPT 將帶給企業活動從根本上的大變革 — 52

對教育的重大影響／在醫療、保健領域上的各種運用／完善金融方面的客戶服務／在法律事務和科學研究上的運用／完善客戶服務並成為數位轉型平臺

第一章總結 — 56

第二章　企業可以使用 ChatGPT 到什麼程度？　58

1　透過問卷調查了解 ChatGPT 的使用方式 — 59

ChatGPT 有多重要？／現在是開始準備的時候了／已經在做的事情／未來二至五年內有可能成為現實的狀況／需要重新建構商業模式／日本企業經營者能引領改革嗎？

2　生成式人工智慧超過 75% 的價值來自「客戶服務」和「銷售或行銷」 — 63

生成式人工智慧將大大改變銷售／市場行銷上的使用／內部的知識管理系統／客戶服務／零售業／對銀行業的重大影響／研發上的潛力／共識：變革是革命性的

3　ChatGPT 將徹底改變藥物研發 —— 70

藥物研發的革命性變化／人工智慧在新冠疫苗中大顯身手／製藥公司與科技公司的共同體制／研究平臺泰拉／武田製藥的人工智慧藥物研發

4　日本金融機構如何使用它？ —— 75

銀行的使用／證券公司的使用／保險公司的使用／日本金融機構不將它用於客戶業務

5　對 ChatGPT 持積極和消極態度的公司 —— 80

三井化學的新舉措／日立的舉措／松下等公司的積極使用／許多公司都持負面態度

6　ChatGPT 的外部服務也在日本有所進展 —— 85

使用 ChatGPT 的公司外部服務／聊天機器人與登場的 ChatGPT 攜手合作／靠應用程式介面串接擴展用途／ChatGPT 應用程式介面的具體用途

7　憑藉生成式人工智慧和智能合約的全自動化企業 —— 89

靠區塊鏈自動化／什麼是智能合約？／從比特幣到去中心化金融／到靈活的智慧合約／完全自動化的公司／哪些工作只能由人類完成？

第二章總結 —— 94

第三章　能否實現資料驅動型經營？　96

1　使用生成式人工智慧的最大目標是支援決策 —— 97

日本考慮的是單純業務的效率化／生成式人工智慧如何支援決策？／以往方法與生成式人工智慧方法的差異／透過大數據處理實現「資料驅動型經營」／銀行應用程式介面的使用也有可能實現

2　進行資料驅動型經營的企業 —— 102

亞馬遜／網飛／愛彼迎／日本超商集點卡的資訊使用

3　企圖轉換為能活用生成式人工智慧的企業結構 —— 105

包括管理層在內的所有員工都必須使用它，這點很重要／有必要建立資料驅動型的組織文化／日本企業的垂直結構是一個問題／到目前為止日本企業尚未活用資料／資訊變得更加孤島化／不改革日式的組織文化，日本將被淘汰

第三章總結 —— 109

第四章　ChatGPT 也走進醫療與法律相關領域　110

1　生成式人工智慧能否實現「不需要律師的社會」？ —— 111

未來會產生超越網路的影響／生成式人工智慧可用於製作合約／律師的角色會消失嗎？／能克服幻覺產生的錯誤嗎？

2　ChatGPT 進軍醫療保健領域 ── 116

ChatGPT 的自我分類能力高／它也被評為優於人類／如谷歌的 Med-PaLM 等醫學專業大型語言模型／謹慎的意見也很強烈／與健康相關的使用涉及各種微妙問題

3　知識壟斷的瓦解：ChatGPT 取代律師和醫生的日子來到了嗎？ ── 122

ChatGPT 進軍法律和醫學領域／專業人才價值下降

4　ChatGPT 正在奪取文案撰寫人的工作 ── 124

ChatGPT 將奪走文案撰寫人的工作／因人工智慧而裁員實際上已經開始／成本比品質更受重視／「使用 ChatGPT 是因為它功能強大」的觀點也存在／正職員工與非正職員工之間的問題／「你贏不了不用錢的？」

第四章總結 ── 129

第五章　知識傳播與教育機構根基的巨大變化　130

1　ChatGPT 將動搖教育的根基 ── 131

比起對學徒或學生的管束規定，教育工作者如何改變才是問題／雖然有積極使用的描述……／教育與學習用的應用程式大量出現／目前的能力有限／家教老師的角色比老師更適合／學習到底有必要嗎？／是否需要專業知識？有必要為專業教育而進大學？

2　ChatGPT 是否在《紐約時報》訴訟中陷入困境？—— 137

根據判決結果，ChatGPT 將不成立／預訓練的價值是學習用文本的價值，還是模型的價值？／ChatGPT 不能免費使用嗎？／生成式人工智慧會摧毀傳統媒體嗎？／我的實驗：用生成式人工智慧可以閱讀網路上的報導文章嗎？

第五章總結 —— 141

第六章　大型語言模型的運作原理　142

1　要想使用得更好，就必須知道它的結構原理 —— 143

解說報導沒有寫出重要的事／說明難懂的原因：沒有說明基本要點／一般用語「參數」用作特殊含義／「受教的方法」很重要／詢問 ChatGPT 就能了解想知道的事

2　人工智慧透過深度學習不斷進化 —— 149

機器學習／類神經網路／深度學習讓人工智慧的能力顯著提升了

3　深度學習的各種方法 —— 153

深度學習的方法：監督式、非監督式等／阿爾法圍棋使用了「監督式學習」和「強化式學習」／智慧型手機的大型語言模型是「監督學習」／GPT 之類的是「自監督學習模型」和「監督式學習」

4 大型語言模型 —— 157

深度學習的各種用途／大型語言模型和生成式人工智慧的定位／迄今為止已開發的大型語言模型／巨額的成本該如何籌措？

5 編碼器讀取並理解文章 —— 161

為什麼 ChatGPT 能理解自然語言？／轉換器模型與注意力機制／通常給的說明都太粗糙了／編碼器的目的在於理解文章的含義／單詞作成向量來呈現／用「嵌入向量」表示單詞／查詢、鍵、值的計算很重要／不同的文章對單詞的解釋也會有所不同

6 解碼器生成輸出確實是非常奇妙的機制 —— 169

解碼器的角色／解碼器生成答案的過程／解碼器用機率判斷來決定輸出是自然的事／讓 ChatGPT 順其自然。它並非全盤考量後才回答的／ChatGPT 不重新審視答案嗎？／ChatGPT 考量文章脈絡／同一問題的不同答案／對提示指令寫法的影響／ChatGPT 只使用解碼器

7 ChatGPT 讀了多少書？ —— 176

ChatGPT 博學是因為進行了大量的預訓練／讀了人類五千倍的書籍量／與日本國會圖書館的資訊量幾乎相同／如果問 ChatGPT 的能力極限／真正會創造性工作的是人類／人工智慧沒有情感

第六章總結 —— 180

第七章　大失業、大轉行時代

1　ChatGPT 可以自動化哪些工作？ —— 183

人工智慧造成失業已經成為現實／受影響的是電話推銷員和大學教師／大約八成勞動力在一成工作中受到影響／進入門檻高、薪資高的職業將受到影響／使用資料進行實證分析和研討對策也是必要的

2　如果生成式人工智慧在日本全面實施，失業率有可能達到 25% —— 188

三分之二的勞工面臨生成式人工智慧引發的自動化，25～50%的業務被人工智慧所取代／在行政暨管理職和法務工作上大約 45%的業務可以自動化／白領階級會有一半失業嗎？／實際上失業的勞工比例不是 25%，而是控制在 7%左右／最必要的經濟政策是確保勞動力的流動性

3　知識工作者是最大受害者 —— 194

把占用員工時間 60～70%的作業活動自動化／將高學歷者的工作自動化／經濟擴張規模比英國國內生產毛額還大／一半的高度腦力工作可自動化／也出現「例行性工作上失業、高技能工作上新增僱用」的分析

4　ChatGPT 是勞工的朋友，還是敵人？ —— 199

生成式人工智慧對低技能勞工有利嗎？／問題是總需求量是否會增加／行政工作人手過剩，人手不足的建築和護理行業受到生成式人工智慧的影響小／員工在職別之間和行業之間流動是必要的／我親眼目睹到 20 世紀 60 年代的大規模自動化

5 因應生成式人工智慧改變工作方式的人會活下來 —— 205

第三次工業革命將是腦力工作受到影響，而非體力工作／工作是否會被生成式人工智慧取代取決於提示指令有多重要／專業性職業的工作內容發生變化／教師的工作內容將會改變

6 生成式人工智慧迫使人們重新審視技能再培訓的內容 —— 210

大規模失業最終也將成為日本的問題／就職冰河期世代面臨退休年紀／大換跑道時代？／再培訓的目的是提高基礎能力／日本政府對問題意識依然過時

第七章總結 —— 215

第八章　這是反烏托邦嗎？　　218

1 「奇點」已經到來了嗎？ —— 219

影響比火和電更深遠／預測在 2045 年／顯然通過了圖靈測試／富者越富／所有人都需要可以免費使用的環境／制定生成式人工智慧的規則

2 反烏托邦與「安娜・卡列尼娜法則」 —— 225

關於生成式人工智慧的「安娜・卡列尼娜法則」／失業的發生／只有富人才能進一步提升能力的反烏托邦／人們迷失生存的意義／老大哥的世界／那麼要怎麼做呢？

3　「基本收入」是解決人工智慧造成失業問題的正確答案嗎？ —— 231

人工智慧造成的失業成為現實問題／重新檢討現行制度才是必要的／不工作也能生活的社會是否健全？／自由工作者失業／制度改革的必要性刻不容緩

4　人啊，不要自滿：若仗著「共鳴」就會失業 —— 235

大失業時代的腳步聲／雖然「人工智慧不是萬能」的看法很強烈……／有時人工智慧的訊息也會讓人感動／有時會與人工智慧產生共鳴

5　中國問題 —— 239

百度3月發表文小言（文心一言）／8月向公眾發布文小言機器人／2017年BabyQ引起的軒然大波／「聰明」的文小言／人才短缺／對中國以外的地區也產生影響的可能性

第八章總結 —— 243

第九章　我們能否實現烏托邦？　246

1　實現富裕的社會 —— 247

人類的夢想成真／生產力提高因而可以實現富裕的社會

2　人類應專注於只有人類才能完成的工作 —— 249

具有挑戰性的創意工作／關懷和同理心很重要

3　基本服務惠及所有人 —— 251
所有人都能只接受自己期望的教育／能準確掌握自己的健康狀況／也能提供法律諮詢和稅務處理的服務／成為老年人的諮詢對象／資訊存取變簡單

4　登上馬斯洛的階梯 —— 255
工作成為活著的意義／人類需求的五個階段／生成式人工智慧實現了馬斯洛的哪個階段？／在創造平等社會上／社會的形態高度取決於政策

第九章總結 —— 259

結語　260

1　歡迎破壞秩序的大變化 —— 261
「什麼都沒有」是不可能的／平靜的生活被打亂／是反烏托邦，還是烏托邦？／透過破壞秩序的新技術才能創造新社會

2　秘密研究 Q* 將為人類帶來什麼？ —— 264
奧特曼被解僱引發騷動的原因是因為威脅人類的研究嗎？／ChatGPT 的數學能力差／無法進行符號接地是人工智慧數學能力差的原因嗎？／在 Q* 中是否出現了突破？／符號接地並不一定是好的／真正擴大人類可能性的創意想法是什麼？

參考文獻

圖表目錄　LIST OF FIGURES

圖表 1-1｜關於 ChatGPT 使用方式的問卷調查（正在使用的事項）
　　　　── 25

圖表 1-2｜關於 ChatGPT 使用方式的問卷調查（創意想法的提出）
　　　　── 28

圖表 6-1｜機器學習以模型作分類
　　　　── 149

圖表 6-2｜依用途對深度學習分類
　　　　── 151

圖表 6-3｜依方法對深度學習作分類
　　　　── 154

圖表 7-1｜透過生成式人工智慧之自動化比例（美國的情況）
　　　　── 189

人們如何使用ChatGPT？

CHAPTER

1

1＼透過問卷調查了解 ChatGPT 的使用方式

■ 如何使用生成式人工智慧？

　　生成式人工智慧的使用正在以驚人的速度擴展。例如，在製藥公司的研發中，將它運用於發現新藥上，這是令人難以想像的使用方式（第二章第三節）。除此之外，也有人研究將它運用於自我評斷疾病和法律相關的工作上（第四章）。進而，正嘗試著運用在各式各樣更多的用途上。

　　關於在這樣尖端領域上的應用，將在後面的章節詳細介紹。而在本章中，就來看看在我們所能看到和聽到的範圍內（也就是著眼於日本人和日本企業的應用上），生成式人工智慧是如何被使用的。首先，介紹一下我所做的問卷調查，然後說明我如何使用它。

■ 預期的結果和出乎意料的結果

　　為了調查生成式人工智慧是如何被使用的，我利用「note（筆記）」進行了問卷調查，並獲得了有趣的結果[註1]。這結果如圖表 1-1 所示。

　　不出所料，有很多是用於「翻譯外文資料」和「長篇文章的摘要」上。

〈註1〉　https://note.com/yukionoguchi/n/n86ce0697b7de

CHAPTER 1 / 人們如何使用 ChatGPT？

出乎意料的是，首先，用於「長篇文章的校正」沒那麼多。其次是，用於「創意想法的提出」有不少。直到現在，我對於透過 ChatGPT 提出創意想法，並沒有抱太大的期待。由於它非常受歡迎，以至於我開始思考：「是否有必要改變我的想法？」

另外，在問卷調查中，有問到「實際上有在使用」和「哪個更有效」，但兩者的結果幾乎相同（至少在各項目之間的排名上）。如果認為「因為有效，所以才使用它」，那麼可以說，這結果是理所當然的。因此，圖表 1-1 僅僅顯示出「實際上正在使用著」的結果。

■ 翻譯和摘要國外文獻的能力受到高度評價

針對外語的自動翻譯上，已經有幾個應用程式可用。但 ChatGPT 比它們更容易使用，翻譯準確的時候又多，再加上摘要是以往從未有過的服務。因此，ChatGPT 在這方面被大量使用，可以說不足為奇。

我自己也非常依賴 ChatGPT 來翻譯和摘要外文（主要是英文）的論文。尤其是，能夠獲得長篇論文的摘要，這點非常方便。以英文論文來說，如果知道它值得閱讀，就會花時間閱讀它。然而，如果不知道這篇論文是否值得一看，還是必須全部看完它。如果內容是日文（對日本人來說），那很容易做到，但如果要快速讀完英文文獻，卻是非常困難的一件事。所以，以往碰到長篇英文論文的時候，屢屢敬而遠之不去讀它。

圖表 1-1

關於 ChatGPT 使用方式的問卷調查（正在使用的事項）

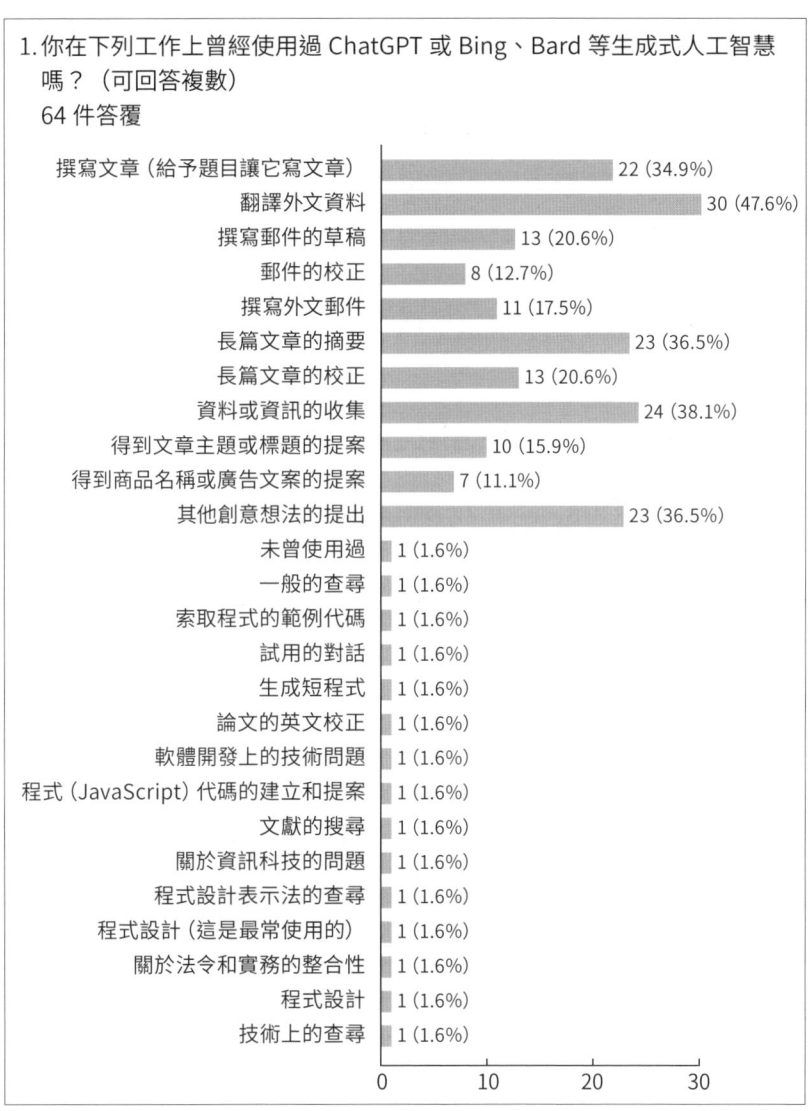

資料：筆者調查

透過翻譯和摘要來判斷是否要讀。若知道有價值，就去讀它。據此，我的資訊收集能力大大增強。看看問卷調查的結果，就知道很多人都以同樣的方式使用它。

直至今日，語言障礙對日本人而言，一直是個大問題。他們不得不在比英語系國家民眾更差的條件下工作。不過，靠著ChatGPT，降低了語言障礙。據此，可以期待日本人的資訊收集能力提升。透過人工智慧在尖端領域上的運用，今後中文的文獻將會增多吧。從現在起，儘管學習中文很辛苦，但ChatGPT似乎能解決這個問題。

▪ 運用在撰寫文章上比校正文章上多

我經常使用ChatGPT來校對自己撰寫的文章。這是因為有必要糾正語音輸入的錯誤翻譯（本篇章第二節）。但根據調查結果來看，用在校正長篇文章上的人並不多，和用於資料的摘要上相比，有很大的落差。這可能是因為語音輸入不常被普遍使用的緣故。

另一方面，用在製作文件的情況相當多，比用於校正文章來得多。這是因為在撰寫文章上的基本思考方式不同，可能是受此影響吧。我經常對ChatGPT所輸出的文章感到厭惡。所以，基本上，我不會把它用於製作文件上。當我靠它來進行校正時，僅止於措辭的修改，並在提示指令（Prompt）中寫明不要刪除文章本身或添加新的文章。

▪ 運用在提出創意想法上相當多

最令人驚訝的是,將它用於提出創意想法上卻不少。我認為,從大型語言模型(LLM)的結構來看,想期待有新的創意想法產生,原則上是癡人說夢。

不過,我還是嘗試用了很多次。例如,用於書名上或是手稿的題目上。但是,都得不到什麼好標題。而在問卷調查中,這項竟然得到這麼多的支持,真是出乎意料之外。

還有一件出乎我意料之外的是,將它用於收集資料上的人很多。由於在提問上可以立即獲得問題的結果,可能是因為這點,所以它被評為比搜尋引擎更好用。

它確實有這樣的效果。然而,從反面來看,生成式人工智慧存在著透過幻覺(hallucination)輸出虛假資訊的風險。這是使用上的一個嚴重大問題。關於這點,難道不需要更有警戒心嗎?

▪ 「標題」和「問題解決方案」是提出創意想法的具體內容

如前所述,用於「創意想法的提出」上的人很多,因此在第二份問卷中,具體詢問了「是什麼樣的想法」。結果如圖表 1-2 所示。

用於「書籍或報導的標題」上的最多。這結果在意料之中。「所面臨的問題其解決方案和突破」這一項出乎意料地多,排名第二。「演講的內容」這一項也意料之外地多,排名第三。第四名是「針對投訴的答覆法」。相對於此,產品

CHAPTER 1 / 人們如何使用 ChatGPT？

圖表 1-2

關於 ChatGPT 使用方式的問卷調查（創意想法的提出）

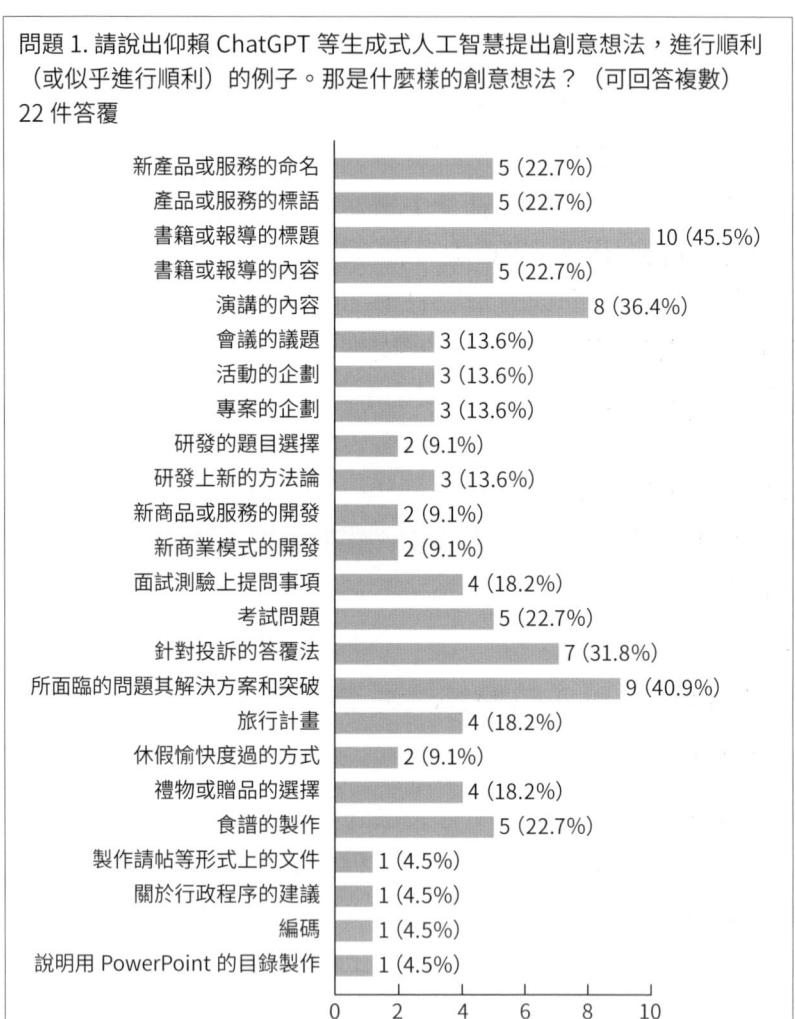

問題 1. 請說出仰賴 ChatGPT 等生成式人工智慧提出創意想法，進行順利（或似乎進行順利）的例子。那是什麼樣的創意想法？（可回答複數）
22 件答覆

新產品或服務的命名	5 (22.7%)
產品或服務的標語	5 (22.7%)
書籍或報導的標題	10 (45.5%)
書籍或報導的內容	5 (22.7%)
演講的內容	8 (36.4%)
會議的議題	3 (13.6%)
活動的企劃	3 (13.6%)
專案的企劃	3 (13.6%)
研發的題目選擇	2 (9.1%)
研發上新的方法論	3 (13.6%)
新商品或服務的開發	2 (9.1%)
新商業模式的開發	2 (9.1%)
面試測驗上提問事項	4 (18.2%)
考試問題	5 (22.7%)
針對投訴的答覆法	7 (31.8%)
所面臨的問題其解決方案和突破	9 (40.9%)
旅行計畫	4 (18.2%)
休假愉快度過的方式	2 (9.1%)
禮物或贈品的選擇	4 (18.2%)
食譜的製作	5 (22.7%)
製作請帖等形式上的文件	1 (4.5%)
關於行政程序的建議	1 (4.5%)
編碼	1 (4.5%)
說明用 PowerPoint 的目錄製作	1 (4.5%)

資料：筆者調查

和服務的名稱和宣傳標語卻出乎意料地少。此外，在研發上似乎也不怎麼使用它。這可能是因為問卷只問個人的使用狀況，而非企業的使用狀況。

因此，在第三次的問卷中，訊問了關於在企業上的使用狀況。從結果來看，用於「輔助公司內部文件的製作（校正等）」和「公司內部資料的整理和摘要」上的人很多。這結果是意料之中。然而，在「製作廣告和網路報導上的宣傳標語」上也廣泛使用它，這結果有些出乎意料。不過，很遺憾在第三次的問卷中，答覆的件數少，所以可信度或許也有問題。

CHAPTER 1 / 人們如何使用 ChatGPT？

2 \ 我如何使用 ChatGPT？

■ 語音輸入的錯誤轉換校正明顯變簡單了

接下來，將說明我如何使用 ChatGPT。在用途上，我主要用在下述兩個地方[註2]。第一是文章的校對。具體來說，是校對透過語音輸入的文本，以及文章用語和口語的轉換。第二是文獻和資料的收集、摘要、翻譯。不管哪一項，每天都大量使用它。藉由 ChatGPT 的使用，我工作的生產力顯著提升。

關於這些，也稍微詳加說明一下，如下所述。

我要撰稿時，會先用語音輸入方式把內容輸進智慧型手機中。寫在谷歌文件（Google Docs）中。散步三十分鐘後，二千字左右的文章就完成了。這比使用鍵盤打出文章要快得多。

然而前述的情況是，想寫的內容要在腦海中相當清楚成形之後，進行整理。當一個構想只是以模糊的形式出現時，往往會一遍又一遍地重複述說同樣的事情，或者邏輯連貫不起來。所以，單純語音輸入的狀態是沒用的。此外，在查尋或分析資料時，為此必須花不少時間。因此，即使僅僅輸入文本，也不意味著它會是一篇完成的文章。

[註2] 關於我如何使用 ChatGPT，在下述書籍的第 I 部中有詳細說明。『「超」創造法』（幻冬舍新書、2023 年 9 月）「第 I 部　ChatGPT を使う」。

然而，問題在於以這種方式製作出來的文本包含大量錯誤判讀，所以有修正的必要。為此，要在電腦上打開谷歌文件，如此一來才能使用谷歌語音功能的輸入。與此同時也能使用鍵盤，因此可以提高修改的效率[註3]。

　　但是，不用全部修正，只要修正關鍵字就好了。以日文來說，至少修正日文漢字的地方就可以了（因為以漢字為關鍵字的時候很多）。日文平假名、標點符號等就算有錯誤，也沒關係。透過 ChatGPT 的執行對這文本進行校正。其效能極高。平假名的部分幾乎完全獲得修正。以往，修正我花四十分鐘輸入的內容，需要一小時，但現在大約縮短到只花五分鐘左右。

▪ 也能使用在資料收集上

　　我使用 ChatGPT 的第二個用途是收集資料。

　　直接詢問 ChatGPT 時，有可能會得出錯誤的答案（即後述的「幻覺」）。但如果讓它閱讀網路報導，就不用擔心這點。在此舉例來說，誠如以下所述進行。

- 對於＊＊＊問題進行分析的報告中，讓它提出美國大學或研究機構所做的東西。
- 從它提出來的資料中，指定幾篇，並要求它翻譯和一千字左右的摘要。

〈註3〉 谷歌的語音輸入功能雖然強大，但它有個缺點，就是無法判讀標點符號、換行（如果是英文，就能判讀）。因此，要在能使用鍵盤的電腦上作業。

CHAPTER 1 / 人們如何使用 ChatGPT？

- 如果判斷出是有閱讀價值的資料，就讓它進行全文翻譯。

另外，為了要使用如斯，就必須閱讀網路報導。

然而，ChatGPT 沒有閱讀網路報導的功能，所以就有必要使用「Bing」或「Bard」。不過，因增加網頁流覽功能而暫時中斷後，於 2023 年 9 月再度恢復。關於這點，將在本篇章最後撰述。另外，從 2023 年 3 月起，逐漸可以使用 GPT4 提供的外掛程式，所以在 ChatGPT 中變得可以簡單地利用這個用法。關於這點，將在本篇章的第三節闡述之。

除了這些之外，還有以下的使用方法。

第一，對於不容易理解的東西，向 ChatGPT 一遍又一遍地反覆問答，並獲得解釋。例如，大型語言模型的結構和操作非常難以理解。在此，就能從各式各樣的角度觀點提問，並獲得教導。另一個是閒聊。尤其是針對電影、文學作品等的交談，令人非常愉快。宛如和談得來的人初次邂逅般的感覺。

■ ChatGPT 無法做到的事情

我個人認為，下述的事情是無法仰賴生成式人工智慧。

- 選擇題目等這類創意想法的生成：像這種創作性的工作，本來就是 ChatGPT 等這類人工智慧無法辦到的。如果仰賴它能提出創意想法，它就會給出某種答案。不過，不能期待會是什麼了不起的東西。題目的選擇，是作者應該做的最重要工作。

- 資料分析：現在的 ChatGPT 無法數據抓取，所以無法做資料分析。所謂「數據抓取」是指，進入網頁，從中提取符合特定條件的數據（例如從中獲取所需資料）的過程。將來或許可以辦得到也說不定。辦得到的話，工作效率將會有戲劇性的改變。
- 把整篇文章丟給它完成：如果給 ChatGPT 題目，它就能根據這題目，幫你把文章寫出來。不過，我不使用這種用法。第一個理由是，這樣做出來的文章不屬於我的東西。理由二是，因幻覺，而有錯誤資訊滲入的危險。第三個理由是，我對 ChatGPT 輸出的文章（尤其是文言文的情況下）所具備的特有「氣味」，一直懷有厭惡感。

■ 進步顯著

2022 年，GPT3 也變得可以在日本使用。儘管在日本也已經有幾個網頁使用它來撰寫文章。一輸入詞彙，它就會做出包含該詞彙的文章。

我也嘗試用用看，結果宛若沒用的東西一樣。一方面必須花很長時間等待它的服務，另一方面做出來的文章是支離破碎的。

2022 年 11 月末登場的 ChatGPT 是屬於對話式人工智慧且能寫出跟人類一樣的文章。至此有了莫大的變化。不過，在這之後、僅半年間，也發生了好幾個重大變化，例如 GPT4 的出現、外掛程式的使用等。

今後 ChatGPT 技術也將會有長足的進步吧。本書所要敘述的只不過是以現在的技術為前提的東西。可以想見，不久的將來這東西將發生重大變化。

▪ 注意「幻覺」和能力的極限

對於 ChatGPT 之類的生成式人工智慧，可以使用到什麼樣的程度？關於這點，因工作內容不同而有很大的差異。只是，不管是什麼樣的工作，都必須留意下列兩點。第一，生成式人工智慧的輸出也有出錯的時候。這是指所謂「幻覺」這個麻煩又棘手的現象。如果囫圇吞棗地接受這個輸出，就有可能會引發大問題。

為什麼會產生幻覺？這未必有明確答案，但和大型語言模型的本質有所關聯。所以，它並不會不久就自然消失不見。雖然可以期待它會有某些改進，但什麼時候、能如何解決，是不明確的。當前的課題是，以幻覺存在為前提，必須去思考使用的方法。

另外，於 2023 年 9 月恢復的 GPT4 付費服務的網頁瀏覽器，其功能儘管在那之後出現了不穩定的情況，但仍一直存續著。如果適當地運用它，或許有可能在相當大的程度上避開幻覺也說不定。

第二應該注意的是，生成式人工智慧能力的極限。ChatGPT 或 Bing、Bard 等稱之為「大型語言模型」的東西，其基本功能是，理解人類的自然語言，並針對於此用自然語言應答。也就是說，理解文章並將其寫下來，是基本的功能

（關於這個，將在第六章詳加說明）。

　　從大型語言模型這樣的結構來看，無法創造出新的創新想法。用一般的話來說，就是「極限」。因此，有必要了解生成式人工智慧在什麼樣的工作上帶來出色的成果、在什麼樣的工作上無能為力。

馬上能用的提示指令集

　　在實際使用 ChatGPT 等東西上，如何寫出對它的提示指令，是一個重要的問題。一旦用長的提示指令而不給出詳細指示，則無法得到期望的結果，這樣的情形屢見不顯。將這些一個一個地寫進提示指令欄中，既麻煩又不實用。

　　因此，我在 note 中做出了一個常用的提示指令例句。因為用如下所示的二維條碼就可以輕易將它開啟，期望讀者一定要善加利用。將這二維條碼貼到電腦的桌面螢幕上，必要的時候，就能馬上開啟。

CHAPTER 1 / 人們如何使用ChatGPT？

3＼生成式人工智慧比搜尋引擎更容易使用嗎？

■ 即使不知道搜索詞，用ChatGPT也可以查尋

隨著搜尋引擎的普及，可以輕鬆找到自己想知道的資訊。也因此，搜尋引擎加速了知識的普及。出生於搜尋引擎普及開來之後的這一代人們，或許無法認識到它的重要性也說不定。在無法使用它的年代，「知道想知道的事物」並不是那麼簡單的事。

然而，搜尋引擎有兩個問題。第一個問題點是，如果不知道搜索詞，就無法搜索。不過，如果使用ChatGPT，即使搜索詞不清楚，也可以查尋。舉例來說，忘記「世襲」這個詞的時候，如果問「靠血緣關係繼承王朝之類的叫做什麼？」就會得到答案。

即使關於專業術語，這方法也能適用。在與電腦相關的領域中，專業術語很多，所以有時會忘記。在這個時候，加以說明，它就會告訴你。藉由它，有可能進一步促進知識的普及。

■ 搜尋引擎有時不會給你想要的答案

然而，ChatGPT存在著一個嚴重的問題。那就是，因幻覺而有可能輸出錯誤的資訊。為此，無法完全放棄搜尋引擎。

不過，即使搜索詞明確清楚，也不一定能從搜尋引擎中

得到期望的結果。在前項單元中，指出搜尋引擎存在者兩個問題。而第二點就是這個。

舉例來說，針對有關 ChatGPT 專業問題的相關文獻，就算用搜尋引擎來查尋，出現在排名前列的報導文章，多是以「使用看看 ChatGPT」這類經驗談或是有關基本使用方法的一般說明為主。又或者，使用 ChatGPT 的服務之類的廣告報導也不少。要找到與想要的主題相關的合適文獻，並不容易。

▪ 引進外掛程式來對抗「幻覺現象」

然而，處理這個問題的方法出現了。從 2023 年 3 月起，可以採用不同於傳統搜尋引擎的方式搜尋網路報導。可以透過使用 ChatGPT 的外掛程式服務來做到這一點（不過，只限定付費服務的使用者）。

Wolfram 是提供學術性知識的外掛程式。WebPilot 和 Link Reader 則是提供搜尋網頁。透過這些外掛程式的使用，取得的資訊變得更加正確[註4]。ChatGPT 的輸出本身有可能包含錯誤的資訊。不過，如果閱讀透過外掛程式所呈現出來的網路報導，就不會產生那樣的錯誤。

舉例來說，「請出示敘述『由於可以透過 ChatGPT 的外掛程式來搜尋網頁，傳統的搜尋引擎將受到影響』的報導」，根據這指示，提出了五篇報導。每篇分別附有簡短的說明。

〈註4〉 2023 年 5 月，為 GPT4 使用者引進了一個名為「瀏覽（browsing）」的功能，但因被指出付費網站也存在著遭人讀取的問題而變成無法使用。

CHAPTER 1 / 人們如何使用 ChatGPT？

在此所提供的報導全都是英文，但可以翻譯。此外，還可以要求摘要。重要的是，這些報導的品質高，極具參考價值。可以確實感覺到我的資訊收集能力有了很大的進步。

ChatGPT 的外掛程式是用什麼樣的標準來選擇網頁？這點並不清楚。不過，選中在搜尋引擎中沒有排名前列的報導文章，從這點來看，很有可能是採用不同於傳統搜尋引擎的標準。假設 ChatGPT 仔細讀取網站的內容，並把它與使用者的要求搭配起來，如此一來，我們便掌握了「獲得符合要求的結果」的方法。這是非常大的變化。

▪ Bing 的快速成長和谷歌的停滯

我們長期在搜尋引擎排名前列者存在著高品質資訊的前提下，進行資訊收集。然而，如今，對這種可信度提出了質疑。許多網頁進行搜尋引擎最佳化（SEO），這有可能給搜尋結果的呈現帶來影響。此外，也無法忽視過濾氣泡的問題〈註5〉。儘管考慮到這些問題，但我們仍然持續依賴搜尋引擎，不過，現在可能有了新的搜索方法。

Bing 登場以後，使用者顯著增加，另一方面，谷歌搜尋引擎的使用量僅止於略減或略增。對新服務的興趣可能也影響了這點，但對谷歌所提供的資訊感到不滿，也不容忽視。

事實上，「Bing 的使用者數量減少了」，這樣的訊息從

〈註5〉 所謂的過濾氣泡是指，搜尋引擎分析使用者的搜尋狀況等，提供與使用者的觀點和行為特性等相符合的資訊。

未聽到。從這樣的趨勢來看，搜尋引擎市場有可能正在發生結構性變化。

在這影響下，傳統的搜尋引擎最佳化策略說不定也將發生變化。到目前為止，網頁內容優先考慮的是增加網站流量。傾向於標題或關鍵字比內容的品質更加受到重視。這樣的狀態是本末倒置。如果不積極去充實內容，那麼品質下降是不可避免的。不過，這種狀況或許可以獲得改善。

4 \ 企業和地方政府如何使用生成式人工智慧？

▪ 日本使用生成式人工智慧到什麼程度？

　　日本企業和地方政府如何看待、如何使用 ChatGPT 等生成式人工智慧呢？關於這點，有幾項調查。

　　第一是帝國資訊銀行所實施的「關於 ChatGPT 等企業活用狀況的問卷調查」（2023 年 6 月 12 日至 15 日）。

　　根據這份調查，表示「在業務上正在使用它」的只有 9.1％。「正研討在業務上使用它」的占 52％。其中，表示「會具體研討如何使用它」的占 14.2％，而「目前不知道如何使用它」的占 37.8％。

　　另一方面，23.3％的企業「不考慮在業務中使用它」。其中包括：「今後也不打算使用它」（17.7％）、「不允許在業務上使用它」（5.6％）。也有人回答「不知道」（4.3％）、「不清楚」（11.4％）。

　　從企業規模來看，在「大企業」中，只有 13.1％「在業務中使用它」。「中小企業」占 8.5％。「小規模企業」占 7.7％。

　　第二是野村綜合研究所所實施的「問卷調查中顯示『生成式人工智慧』的商業使用實際情況和意圖」（2023 年 6 月 13 日）。

　　根據這份調查，商務人士對生成式人工智慧的認知超過 50％。但是，「確實知道」者只有 15.3％。「聽說過」者

占 35.2％。雖年齡差異不大，但三十多歲的人居多。許多人（46.2％）對它抱持著「提高工作效率和生產力」的印象；另一方面，對它存著「搶走工作」的印象，也有 22.1％。

將生成式人工智慧運用在商業用途上，3％的人表示「實際使用中」，6.7％的人「正在試用」。

使用生成式人工智慧的業務內容上，用於「製作問候文等原稿者占 49.3％，製作報導和劇本者占 43.8％，摘要者占 43.8％」等。如此看來，和用來製作創作性內容相比，將其靈活運用在定型化、模式化的輸出者居多。

第三是 PWC 所實施的「關於生成式人工智慧的實際狀況調查 2023」（2023 年 5 月 19 日）。

占全體的 54％者回答「完全不知道」生成式人工智慧。在認知層中，對於將生成式人工智慧應用於自家公司，表示「有」興趣者占 60％。問到「生成式人工智慧的存在對自家公司而言，是機會，還是威脅」時，認為「機會」者是「威脅」者的五倍之多，而且對於靈活運用持積極開放的態度。然而，已經實際編列預算並做到專案推廣階段的案例，只占認知層的 8％。

從上述的結果來看，令人吃驚的是，認知度偏低。實際的利用度也比想像的低很多。

CHAPTER 1 / 人們如何使用 ChatGPT？

■ 地方政府的使用狀況

根據橫須賀市和筑波市公布的資料等[註6]，神奈川縣橫須賀市於 2023 年 4 月 20 日，作為提高業務效率的一環，開始進行了實證實驗。將它活用在事業的創意想法和文件製作上。茨城縣筑波市則以所有職員為對象，開始在市府內部的業務上靈活運用它。

這兩市政府各別和 OpenAI 簽訂應用程式介面（Application Programming Interface；簡稱 API）的使用契約，透過「LoGo 聊天（即針對地方政府在機關內部使用所提供的商務聊天服務）」提供職員使用的環境。橫須賀市引進「GTP3.5」的應用程式介面，並且內部開發了一個功能，可以從 LoGo 聊天中使用 ChatGPT 提示指令。筑波市從 LoGo 聊天中使用 GTP3.5 的應用程式介面時，添加了一個獨特的功能，用來呈現人工智慧在文章生成中被認為參考到的資料和來源出處。

可以預期的是，在提高製作文件的效率，以及制定政策或標語構思等需要創造力的情況下，把它作為輔助來用。橫須賀市表示，「製作文件所需時間有可能從一半縮短到幾分之一。」

2023 年 6 月 15 日，靜岡縣制定指導方針，明訂縣府職員在業務中使用 ChatGPT 等對話式生成式人工智慧的準則，並開始運用它。為了提升業務效率和行政服務，宣布了將積極

〈註6〉 橫須賀市「ChatGPT の全庁的な活用実証の結果報告と今後の展開」（市長記者會公布，2023 年 6 月 5 日）。News つくば（2023 年 5 月 10 日）。

靈活運用它。縣府針對指導方針的製作，對職員進行問卷調查，詢問他們對 ChatGPT 的認知度和使用意願。在這問卷調查中，高達 87％的職員要求在業務上使用，即表示「限定業務和人員的使用」、「積極地使用」等，而認為「不應該使用」者只有 4％。42％的職員有使用的經驗，但有用在業務上的經驗者只占 7％。

■ 時事通信社的問卷

時事通信針對 ChatGPT 等生成式人工智慧的活用，以四十七個都道府縣為對象，實施了問卷調查。2023 年 6 月 1 日發送問卷調查，22 日收到所有都道府縣的回覆。

根據回覆的結果顯示，福島縣、茨城縣、群馬縣、新潟縣等四個縣已開始正式用於業務上。栃木縣、千葉縣、神奈川縣、富山縣、長野縣、靜岡縣、兵庫縣、山口縣、高知縣和佐賀縣等十個縣試辦性地引進了。雖然主要用於事務性工作上，但茨城縣也將它活用於觀光宣傳上。其餘三十三個都道府縣正在討論是否使用和使用的方法，而表示「不打算使用」者為零。

正式引進了生成式人工智慧的四個縣都制定完成其使用規則。允許整個縣府使用，而且將活用於文件和資料的製作、摘要、資訊收集，以及提出實施對策的創意想法上。

另外，2022 年 6 月，總務省情報流通行政局地域通信振興課發布《人工智慧在地方政府的使用和引進指南》。雖然這是在 ChatGPT 出現之前的東西，但內容中介紹了先驅團體

CHAPTER 1 / 人們如何使用 ChatGPT？

引進人工智慧的案例。

■ 與生成式人工智慧整合的應用程式介面

生成式人工智慧的使用方法有數種。

第一種模式是，直接從提供生成式人工智慧服務功能的公司（如 OpenAI 等）接收其所提供的服務。在這種情況下，使用成本雖被壓低，但能使用的範圍有限。再者，由於資料直接傳遞給外部服務，因此在處理機密資訊和個人資訊時必須小心。

第二種模式是，使用生成式人工智慧公司所提供的應用程式介面。所謂應用程式介面整合是指，將軟體或應用程式連接到另一個程式，以共用其部分功能的組合。

從自家公司開發的系統中，透過應用程式介面，調用生成式人工智慧的功能，藉此，就能夠建構獨特的機制。如果合併了過濾等機制，就可以避免機密資訊和個人資訊外流。不過，開發成本很高。

■ 未來展望

綜上所述，生成式人工智慧的用途似乎著重在提高文件製作的效率。

這樣的使用方式確實有效。但是，我認為生成式人工智慧的潛力遠不止於此。難道不能思考更積極地活用它嗎？

像橫須賀市和筑波市一樣，進行應用程式介面串接，建

立獨特的機制,這樣,用途會更加擴大。企業將它應用於自動回覆服務等客服上。此外,也可以考慮串接到企業資料庫。

不僅僅是處理文書工作,地方政府還可以考慮開設針對居民的自動回覆服務等。舉例來說,可以考慮一個能夠透過電話向 ChatGPT 諮詢任何事情的機制。不僅是行政相關的事情,就連私人的事情也可以諮詢,如此一來,將對居民有很大的助益吧。成為「數位難民」的老年人也可以使用它來解決各種問題。提供這類服務的地方政府將變得更受歡迎,隨之會有更多移民湧入吧。電話線可能很快就會塞爆也說不定,但因應這些要求而增設線路,是十分有意義的。

5 \ 生成式人工智慧的影響已在教育領域顯現。在日本，企業的使用毫無進展

■ 在日本企業中的使用沒有進展

關於 ChatGPT 等生成式人工智慧的使用，在本章第四節已看到了日本企業和地方政府的情況。在此，將比較日本和美國。

關於這主題的問卷調查已經有幾個發表出來。根據 MM 總研於 2023 年 5 月下旬進行的線上民意調查顯示，美國約有一半的辦公室工作人員依賴 ChatGPT，而日本只有 7% 依賴它〈註7〉。在日本，員工人數超過三千人的企業中，有 9% 使用聊天機器人，而員工人數少於一百人的公司中只有 4% 使用它。

此外，問卷中，回答「不知道」ChatGPT 者，在美國只有 9%，而在日本卻有 46%。超過 60% 的美國高階管理人員表示，他們對這項技術有「濃厚的興趣」，而日本的許多管理人員卻是不確定是否可以安全使用它。

ChatGPT 的用途在於製作定型化電子郵件、摘要會議紀錄、整理大量資訊等。在日本，也有開發人員正在開發生成式人工智慧聊天機器人，不僅供內部使用，還針對客戶提供服務。

〈註7〉 Nikkei Asia, 2023 年 6 月 22 日。

根據本章第四節中提到的帝國資訊銀行、野村綜合研究所、PWC 等的調查顯示，已經在使用它的比例不到一成。如果只看大企業，也只有 13％左右。這結果與ＭＭ總研的結果相同。

　　然而，據《朝日新聞》報導，在對一百家大公司進行的問卷調查中，有四十一家公司在業務中「使用」生成式人工智慧，有五十家公司「正在考慮使用」[註8]。關於使用的內容，有三十七家公司用它來「提高公司內部業務的效率」，有三十一家公司用在「文本的摘要、分析和修改」上，有二十七家公司使用自動回覆的「聊天機器人」。不過，這裡的對象是日本具有代表性的超大型企業。和本章第四節所看到的一般企業有很大的落差。積極使用 ChatGPT 的大企業今後的生產力可能會提高，與其他企業的差距可能會擴大。

■ **在教育和學習中的使用不斷增加**

　　它在教育和學習方面的使用如何呢？

　　美國民意調查公司影響研究（Impact Research）接受沃爾頓家族基金會的委託，於 2023 年 2 月和 4 月進行了一項全國性調查。根據政府技術（Government Technology）網站上的報導，結果的概要如下所述。

　　從幼稚園到高中的教師中，使用 ChatGPT 者占 51％。十二至十七歲的學生中，大約有三分之一的人在學校使用過

[註8]　「生成 AI を利用・檢討　9 割超」朝日新聞、2023 年 7 月 26 日。

ChatGPT。十二至十四歲者，占 47％。88％的教師和 79％的學生說 ChatGPT「有正面影響」。影響研究公司從 6 月 23 日至 7 月 6 日這段期間也進行了同樣的調查。

根據「The74」網站上的報導（2023 年 7 月 18 日），結果的概要如下所述。

幾乎每個人都知道 ChatGPT 是什麼。家長比老師更看好 ChatGPT。61％的家長持積極態度，而教師間的占比則為 58％。在學生中，此比例僅為 54％。回答「在學校使用過 ChatGPT」的占比，從第一次調查的 33％上升到 42％。回答「在工作中使用過聊天機器人」的教師比例已上升到 63％。現在大約 40％的教師每星期至少使用它一次。

「這將改變一切。人工智慧將從根本徹底顛覆教育和學習。」很多人這麼認為。近 64％的家長認為老師和學校應該允許在學業上使用 ChatGPT。28％的人表示「不僅要允許，還應該鼓勵」。

在日本，東北大學教授大森不二雄於 6 月 2 日之前進行了為期十天的線上調查[註9]。32％的學生回答「使用過 ChatGPT」，14％的學生回答「曾將它用於作業上」。在使用 ChatGPT 完成作業的人當中，77％的人回答「它有助於提高寫作能力」，70.7％的人回答「它有助於提高思考能力」。

美國的另一項調查顯示，近 90％的學生認為 ChatGPT 比家庭教師更好，大約 30％的學生已經從家庭教師換成了

[註9]「チャット GPT『使った』、学部生の 3 割　問題点避けつつ積極利用」朝日新聞、2023 年 6 月 8 日。

ChatGPT。

▪ 教育界的使用領先於商業界

從上述的各種調查來看，可以如下所述道出大致上的趨勢吧。

首先，不管在商業界或是教育界，ChatGPT 的使用率在美國都高於日本。

其次，它在教育和學習上的使用領先於商業上的使用。它在企業中的使用已經進展到一定程度，而且已經成了現實的問題。在學習上使用 ChatGPT 是，任何人如果使用它就可以立即做到的程度，而且效果很好。所以，使用上一直有所進展也可說是理所當然的。相對地，在企業上的使用，則存在著一個問題，即它用於什麼樣的業務上才好？而且，為了要使用它，必須建立完善體制。除此之外，還存在企業機密洩露的問題。因此，多數的情況是無法立即使用它。

▪ 對教育和學習體制的影響已經顯現出來

ChatGPT 在教育和學習方面的影響在日本已經成為現實〈註10〉。

大學入學考試制度（尤其是綜合型和學校推薦型的選拔）將會受到很大影響吧。另外，就業考試的應聘履歷表也被迫

〈註10〉「高校生が考えるチャットGPT『宿題に使える』『暴力性助長』」朝日新聞、2023年7月6日。

要應對靠 ChatGPT 所做出來的文案〈註11〉。

進而,日本已經推出了各式各樣的學習應用程式。這樣的發展將會對才藝班、補習班、各種講座業等帶來極大的影響吧。

日本文部科學省將在國、高中英語教育中引進對話式人工智慧。使用會配合學生程度而自動回應的人工智慧,並且用於居家學習上〈註12〉。藉由這麼做,試圖謀求提高英語口語能力的水準。ChatGPT 在外語學習上發揮著強大的作用。此外,能夠配合學生的程度來學習,這點也很重要。不過,我不認同目的在於增強會話能力這點。我認為學習英語寫作的能力很重要。

▪ 日本能跟上這個重大變化嗎?

在美國,大型語言模型應用於商業中已經是一個現實問題。服務提供者這邊的舉動也變得更加活躍,這現象也反映了這點。

2023 年 6 月 27 日,美國「Databricks」公司宣布以約 13 億美元(約合 1870 億日圓)的價格收購一家名為「MosaicML」的新創公司,一時成為熱門話題。MosaicML 開發可供相對較小的公司使用的大型語言模型。

此外,同年 7 月 18 日,Meta 開始提供開源大型語言模

〈註11〉「チャット GPT、就活にもじわり 志望書文案、30 秒で」朝日新聞、2023 年 6 月 26 日。

〈註12〉「中高英語に対話型 AI」日本経済新聞、2023 年 7 月 20 日。

型「Llama2」，而且免費提供用於研究和商業用途上。據此，開發人員能在「Microsoft Azure」和「Windows」上開發自己的生成式人工智慧，並將其嵌入到他們的應用程式中。

如前所述，日本企業對此不感興趣，令人擔憂。在大型語言模型開發方面，日本已經落後了，這點雖然一點辦法也沒有，但把它活用到各式各樣的實務中，這應該是完全有可能的。儘管如此，企業還是既不感興趣，在建立針對使用的體制上也沒有進展。

在日本，大型語言模型的開發正在進行中。日本電力公司（NEC）於2023年7月宣布，已經獨立開發了日語大型語言模型。同年7月，情報通信研究機構（NICT）宣布，已經開發了一個專門針對日語的大型語言模型。此外，同年6月，PFN（Preferred Networks）宣布已經著手開發大型語言模型。

這樣的舉動是受歡迎的。不過，與此同時，建立針對使用的體制也是重要的課題。然而屢屢遭人指出，數位化進程遲緩是日本經濟停滯的原因。如今，如果在大型語言模型的活用方面落後，那麼日本在數位領域上的失敗將是決定性的吧。

在教育和學習領域，有必要盡快重新審視和改革現行體制。關於ChatGPT的使用，文部科學省提出了指導方針，幾所大學也提出了指導方針。只是，他們的基本方向著眼於禁止光靠著ChatGPT來製作報告。不過，不是僅僅這樣做就結束了。從前述入學考試改革中可以看出，有必要從根本上重新思考現行體制。關於教育的問題，將在第五章再詳加敘述。

6 \ ChatGPT 將帶給企業活動從根本上的大變革

■ 對教育的重大影響

關於 ChatGPT 可以用於哪些領域，以及針對企業使用的相關內容，將在第二章描述。在此，將介紹一些文獻，以論述在更廣泛領域內的使用狀況。

正如在本章中所看到的，從對日本企業的問卷調查來看，即使是大企業也只不過考慮用它來提高文件製作工作的效率等。然而，大型語言模型將給企業活動帶來根本上的大變革。接下來，世界各地的企業瞄準了新的方向且已經開始作準備。

關於這個問題，已經有很多論文發表出來，但在此只介紹下述兩篇論文的分析。

〈論文一〉A Survey of Large Language Models（https://arxiv.org/pdf/2303.18223.pdf）。

〈論文二〉A Review of ChatGPT AI's Impact on Several Business Sectors。

從不同領域來看，不管哪一篇論文都認為它對教育、保健、金融的影響很大。論文二還提到了法律相關事務。從活動區分來看，客戶服務、科學研究、數位轉型（Digital Transformation；簡稱 DX）平臺等都被指出是受其影響較大的領域。

論文一認為，教育受到大型語言模型的影響甚大。大型語言模型作為論文寫作和理解閱讀的助手而起了作用。論文

二也提出同樣的觀點，認為教育界從 ChatGPT 中受益匪淺。這是因為它可以因應各個學生的需求提供個人化學習。進一步指出，教師可以透過自動對學生的作業打分數來節省寶貴的時間。

■ 在醫療、保健領域上的各種運用

醫學也是兩篇論文指出其重要性的領域。

論文一指出，大型語言模型有能力處理各式各樣的醫療任務，例如醫療的諮詢、心理健康的分析、報告的簡化等。不過，論文中也指出，大型語言模型有可能會產生錯誤訊息，或是將患者的健康資訊上傳到商業伺服器，因而可能引發隱私問題。

論文二指出，ChatGPT 可以提供自然且真實的回答，使與患者的對話可以更輕鬆、更有效果。也可以用它來提供一般醫療保健需求相關的建議。在提供初步諮詢並在必要時介紹給專家這件事上，它發揮了基地台（Access Point）的功能。除此之外，還能使用它來分析與患者互動中得到的大量資訊，以協助做出醫療決策。

使用者可以了解自己的健康風險，也有可能不需要去醫院，就可以得到醫療建議，或是根據自身整體健康的狀況作出決定。除此之外，還可以判斷是否發生了醫療緊急情況，以便使用者在情況惡化之前得以應對。

CHAPTER 1 / 人們如何使用 ChatGPT？

▪ 完善金融方面的客戶服務

金融也是兩篇論文提到的重要領域。

不過，論文一指出，介紹了現在已經在實施的各式各樣舉措之後，由於大型語言模型產生的不正確或有害的內容可能會對金融市場產生重大影響，所以大型語言模型在金融領域的應用必須考慮潛在風險。論文二認為，若在金融領域使用 ChatGPT，則可以降低客戶服務成本，也能為客戶提供快速且準確的回答。

透過自動化客戶和承辦人員之間的對話，銀行可以減少答覆簡單問題或確認帳戶資料等單調任務所花費的時間。針對諮詢所作的自動化答覆是件輕而易舉的事，藉此可以讓承辦人員專注於更複雜的問題上。

ChatGPT 可以根據客戶的財務需求和目標提供個人化的建議和提案。根據客戶的風險承受度和目標，提供個人化的投資建議，幫助他們作出明智的決定。

▪ 在法律事務和科學研究上的運用

論文一舉出了法律事務。在分析法律文件、預測判決、製作法律文件等方面，大型語言模型展現了強大的能力。為了進一步提高性能，並且在理解長篇法律文件和複雜的法律推理方面發揮先進的性能，於是使用了專門設計的法律提示工程。如此一來，大型語言模型就成了法律專業人士的得力助手。然而，它卻有可能會引起著作權問題、個資洩露、偏見和歧視等問題。

論文一指出，大型語言模型展現了處理知識密集型科學任務的能力，並且擁有卓越的能力和廣泛的科學知識。

在文獻調查階段，有助於全面掌握特定領域的進展。在研究思路的開發階段，大型語言模型有時會展現出產生有趣的科學假設的能力。在數據分析階段，大型語言模型有時用作自動分析資料的方法。

在論文撰寫階段，大型語言模型在協助科學上的寫作有所貢獻。它可以用各種方式協助寫作，例如摘要現有內容、修潤寫作文稿等。進而，透過檢測錯誤，大型語言模型還有助於自動審查論文。

但是，為了扮演好可靠助手的角色，有必要提高所生成的內容之品質及減少有害的幻覺。另外，這裡引用的論文「M. Haman and M. Skolnik, "Using chatgpt to conduct a literature review."Accountability in research, 2023.」聲稱，因它有太多假的，所以不能用於文獻探討。

■ 完善客戶服務並成為數位轉型平臺

在論文二中，說明 ChatGPT 協助客戶支援的重要性。

ChatGPT 提供對常見問題的自動解答，減少答話時間並減輕客服人員的工作量。提出主動建議並幫助客戶更快地找到解決方案。藉此顧客可以更快地獲得必要的幫助。

ChatGPT 能了解客戶的問題、鎖定相關的訊息、提出可能的解決方案，並以最合適的答案作出回應。進而，訪問多個數據源，為客戶的查詢提供更完整的回答。

論文二還提供了所謂「數位轉型平臺」的觀點。這項技術提供了自動化客戶關係管理和改進內部營運的方法。例如，可以利用這項技術，自動提供顧客服務。此外，還能設計出因應市場變化所需的新產品和服務。進而，協助改善企業的產品。

除此之外，它使公司能夠根據不同來源（例如社交媒體平臺）所收集到的即時資料，制定新戰略。

第一章總結

1. 針對如何使用生成式人工智慧，進行了問卷調查。結果正如預期的那樣，最多的用途在於「資料的摘要和翻譯」。另外，用於「創意想法的提出」卻是比預期得多。
2. 就我個人而言，靠語音輸入製作出來的文本其錯誤轉換校正上利用得多。除此之外，資料的翻譯和摘要也大大地仰仗它。
3. 使用 ChatGPT 或 Bing 瀏覽網站時，有的時候能獲得比傳統搜尋引擎更恰當的資訊。收集資訊的方式可能會發生巨大變化。
4. 從針對企業使用生成式人工智慧的調查結果來看，只有少數企業和地方政府將它引進實務中運用。不過，今後可以期待隨著應用程式介面串接等的使用，它的利用將會擴大。對企業而言，可

以考慮客戶服務和串接到企業資料庫；對地方政府而言，可以考慮為居民提供諮詢服務。
5. 教育制度和入學考試制度即將發生巨大變化。關於在商業領域上的運用，美國很發達，但日本卻沒有進展。日本能否跟得上這個大變化，著實令人擔心。
6. 對於 ChatGPT 等大型語言模型會對什麼樣的經濟活動帶來什麼樣的影響，已經有一些相關的文獻。不管哪一份文獻都表示，它對教育、醫療保健和金融產生了特別重大的影響。進而表示，擴展客戶服務及其作為數位轉型平臺的意義也很重要。

企業可以使用 ChatGPT 到什麼程度？

CHAPTER

2

1 ＼ 透過問卷調查了解 ChatGPT 的使用方式

▪ ChatGPT 有多重要？

　　企業可以如何活用 ChatGPT 等大型語言模型？正如在第一章中所看到的，日本也對企業進行了一些問卷調查。從問卷調查結果來看，大都是郵件的校對和公司內部文件的製作等。簡而言之，就是提高事務性工作的效率。

　　這樣的利用方式確實可行。然而，大型語言模型的潛力遠比這要大得多。美國企業已經開始朝向如何利用這些潛力，展開探索。

　　其結果造成許多人擔心：ChatGPT 等大型語言模型會不會把工作搶走？相對於以往的自動化只影響了單純的勞動工作，而 ChatGPT 將取代腦力工作。與以往性質不同的問題即將產生。

　　為了思考這個問題，就必須去想想企業如何使用 ChatGPT。在企業想要使用它的領域中，未必會發生失業，但至少會發生巨大的變化。那麼，企業在哪些領域使用它呢？大型語言模型的潛力不僅會提高單純事務性工作的效率，還會對企業的發展產生重大影響。因此，這不僅是勞工的問題，對企業而言也是重大問題。

CHAPTER 2 / 企業可以使用 ChatGPT 到什麼程度？

▪ 現在是開始準備的時候了

關於這個問題已經發表了許多研究和論文。其中一篇是由波士頓諮詢公司的馬修・克洛普（Matthew Kropp）所撰寫的有趣論述[註1]。下面將一邊介紹這個，一邊思考有關今後企業的利用。

這篇論述首先指出企業應該馬上開始準備。因為，為了將 ChatGPT 融入到企業系統和流程中，需要新技能的培訓和勞動力配置的大幅變更，而且企業需要花時間來消化這一切。

若考慮到進展速度，那麼商業領袖可能會認為 ChatGPT 技術應該準備好在 2024 年內納入企業系統中吧。這樣一來，現在正好就是開始內部創新的時期。隨著組織和技術的不斷改進和發展，應該開始小規模且早期的實驗來累積經驗，以處理更複雜、影響力大的使用案例。

▪ 已經在做的事情

根據克洛普的論述，企業已經採用的地方如下所示。
- 將憑藉人工智慧功能而增強的自動化流程整合到電子郵件、文字處理器等。
- 用於客戶支援和銷售的對話式聊天機器人。客戶的等待時間變為零，大多數問題都可以在不依賴人工的情況下解決，因而節省大量勞力。
- 提高行銷功能的效率。

〈註1〉　Matthew Kropp, "ChatGPT: Getting down to business", LinkedIn, 2023. 2. 10.

- 搜索內部文件檔案,例如簡報、合約書等。這對提高企業內的知識傳遞有很大貢獻。ChatGPT 會附上企業檔案並以摘要形式回答問題。

■ **未來二至五年內有可能成為現實的狀況**

- 提供了一個對話介面,讓涵蓋整個企業範圍的虛擬助手與所有內部流程進行對話。這個系統可以處理各種任務,例如電子郵件的製作和管理、人事資料的管理、財務報告的製作等。
- 百分百自動化的客戶支援能夠二十四小時、三百六十五天全天候零等待時間,以與真人對話無差別的對話形式解決客戶問題。
- 當你用自然語言向 ChatGPT 提問時,它會根據複雜的數據合成自動地反饋預測、分析等。據此,動態的領導決策有可能實現。
- 全自動銷售:利用對話即時回應客戶的興趣,讓透過個人化電子郵件或電話來作回應成為可能。

■ **需要重新建構商業模式**

要實現這些變革,必須重構商業模式。要將人工智慧整合到業務工作流程中,就必須改變工作方式。接著,還必須將 ChatGPT 視為勞動力的新成員。不接受由此結果產生的勞動生產率顛覆性變化之企業,將會陷入潛在的災難性成本和

創新劣勢吧。

然而，並非所有員工都會被 ChatGPT 取代。用雙手執行任務的「無辦公桌員工」將暫時免於失業。再者，許多應用程式並沒有取代人類，而是提高了生產力。

▪ 日本企業的經營者能引領改革嗎？

首先，客戶服務自動化正迅速擴展。接著，與此相關的工作出現失業狀況。撰稿人的失業已經成為嚴重的問題。日本很有可能遲早也會出現這個問題。

接著，二至五年後將出現隨著商業模式的變革而產生的變化。這不僅僅是系統工程師的事情，而是整個企業的問題。能夠很好地應對這種變化的企業和不能很好地應對這種變化的企業之間的差距將會擴大。

因為要實現這個目標，就必須要培養人才，因此日本企業是否能夠因應這種情況，令人十分擔憂。

日本企業能進行多大程度的變革，取決於經營者對這個問題的理解程度以及能否領導改革。問題是，會意識到這些改革是可能且是必要的經營者，在日本看不到。

如果企業在這方面的改革沒有進展，那麼全球企業與日本企業之間的差距可能會成為決定性的落差。一回過神來時，全球企業已經完全改變了，而日本企業可能被淘汰了。有可能會出現在資訊科技革命中產生的情事一樣，甚至比那更大的問題。

2＼生成式人工智慧超過 75％的價值來自「客戶服務」和「銷售或行銷」

▪ 生成式人工智慧將大大改變銷售

　　麥肯錫（McKinsey & Company）於 2023 年 6 月 14 日發表的《生成式人工智慧的經濟潛力：下一波生產力浪潮》中，調查了企業使用生成式人工智慧的趨勢，並分析使用生成式人工智慧讓企業的生產力提升多大的程度。一般認為，這項調查對日本企業來說，也是非常重要且具參考價值。所以，本節將介紹其內容概要。

　　藉著活用生成式人工智慧，將提高生產力並創造新的經濟價值。生成式人工智慧有可能對知識型工作產生最大影響，特別是那些過去難以自動化的決策和涉及協作、溝通的活動。

　　生成式人工智慧可以提供價值的主要職務類別是「客戶服務」、「銷售或行銷」、「系統開發」和「研發」。這四類占生成式人工智慧提供之價值的 75％以上。在「銷售或客戶服務」部門，57％的業務可透過生成式人工智慧或現有技術實現自動化。支援和客戶的往來互動，針對行銷和銷售生成創意內容，根據自然語言處理起草電腦代碼。

　　生成式人工智慧將對所有行業帶來巨大影響，不過，銀行、高科技和生命科學可能是受生成式人工智慧影響最大的行業。在整個銀行業，生成式人工智慧技術每年產生 20 兆 340 億美元至 40 兆 660 億美元的附加價值。

CHAPTER 2 / 企業可以使用 ChatGPT 到什麼程度？

▪ 市場行銷上的使用

生成式人工智慧在市場行銷和銷售功能中迅速普及。一旦使用這項技術，就可以根據各個客戶的興趣、偏好和行為製作出個人化的訊息。此外，還可以製作出品牌廣告、標題、標語、社交媒體的投稿、產品的說明等的初步草稿。

具體如下所述。首先，生成式人工智慧用於生成創意內容，例如個人化電子郵件等。生成此類內容的成本降低，收入增加。此外，無論客戶用什麼語言或處於何地，生成式人工智慧驅動的聊天機器人都可以為複雜的客戶諮詢提供即時且個人化的回應。生成式人工智慧會自動回應更多客戶的諮詢，並且可以處理過去客服團隊只能靠人工代理解決的諮詢。生成式人工智慧可以把由人工提供服務的聯繫量減少多達50％。

將生成式人工智慧用在行銷上，據此產生的潛在營運優勢如下所述。它有可能大幅縮減創意想法的構思和內容製作所需的時間。此外，透過搜尋引擎最佳化，實現更高的轉化率和更低的成本。生成式人工智慧可以將行銷功能的生產力提高約 5 至 15％。

▪ 內部的知識管理系統

本報告值得注意的是，對內部知識管理系統的影響指出如下：

透過革新內部知識管理系統，有可能為整個組織帶來價值。生成式人工智慧的自然語言處理功能卓越的控制能力，

利用等同於對人提問並進行持續對話的方式，建立查詢（表示資料的提取或更新等處理請求的字串），藉此有助於員工獲得被保存的內部知識。

如此一來，員工就能夠快速讀取相關訊息。因此，這使他們能夠基於更多的訊息，快速地做出明智的決策，並且制定更有效的策略。

▪ 客戶服務

生成式人工智慧驅動的聊天機器人可以為複雜的客戶諮詢提供即時、個人化的回應，而不受客戶的語言或所處位置影響。它有可能將人工提供的聯絡量減少高達 50％。

增加銷售額：由於能夠快速處理客戶及其瀏覽的歷史資料，所以這項技術可以根據客戶偏好量身定製產品的提案和交易。進而，從與客戶對話中獲得洞察見解，確定可以改進的地方，並指導代理商，以加強品質保證和指導。將生成式人工智慧應用於應對客戶上，藉此有可能將生產力提高 30％至 45％。這是極大的效果。

▪ 零售業

生成式人工智慧可以提高行銷和應對客戶等功能的效能，藉此有可能為零售業（包括汽車經銷商）帶來約 3100 億美元的附加價值。

生成式人工智慧針對零售業和消費者的產品，支援其關

鍵價值的驅動因素。據此，將生產率從年收益的 1.2％ 提高到 2％。

生成式人工智慧可以透過自動化客戶服務、行銷和銷售、庫存和供應鏈管理等關鍵功能來簡化流程。透過聊天機器人提供個人化的行銷活動，藉此也有很大機會改善客戶價值的管理。

生成式人工智慧可以為零售商提供改進產品供應的洞察見解，使其增加客戶群、收益的機會和整體行銷投資回報率。此外，它可以簡化行銷和銷售的文案複製，幫助產生有創意的行銷理念，加快消費者研究，並加速內容的分析和製作。

電子商務的發展也提高了和有效的消費者對話的重要性。透過將現有的人工智慧工具與生成式人工智慧結合，零售業者可以增強聊天機器人的功能，並且能模仿人工代理的對話方式更加維妙維肖。例如，直接回覆客戶的諮詢、追蹤或取消訂單、提供折扣等。透過將重複性任務自動化，人工代理可以花更多時間在回應複雜的客戶問題和根據上下文獲取資訊上。生成式人工智慧工具可以透過數位化快速地製作新設計來強化開發新版產品的過程。

另外，亞馬遜（Amazon.com）於 2023 年 9 月 13 日宣布，它將能利用生成式人工智慧為其網站上銷售的產品創建說明文。據說，如此一來將可以減輕中小型零售商的負擔。

▪ 對銀行業的重大影響

生成式人工智慧有可能對銀行業產生重大影響，可使該

行業生產力的年收益從2.8％提高到4.7％得以實現。進而，它可以提高客戶滿意度，改善決策和員工的體驗，甚至也可以透過監控欺詐和風險控管來降低風險。

生成式人工智慧有可能透過承擔風險管理中的低附加價值任務（例如，法規的監控、資料的收集等），進一步提高人工智慧已經帶來的效率。

銀行業是一個活用知識和技術的行業，從現有的人工智慧在行銷、客戶營運等領域的應用中受益匪淺。由於在法規和程式語言等這類領域上，文本為主流，再加上它們是一個擁有許多B2C和中小企業客戶的客戶導向行業，所以生成式人工智慧應用程式有可能會帶來額外的好處。

銀行開始了解生成式人工智慧在一線和軟體活動中的潛力。以下三種用途說明了它的潛在價值。

（一）提高員工績效的虛擬專家

在政策或研究、與客戶的對話等特有知識下訓練出來的生成式人工智慧機器人可以提供始終可用的、深入的技術支援。如今，第一線工作主要花在與客戶對話上，但可以透過為一線員工提供存取資料的權限，從而改善客戶體驗。

（二）生成式人工智慧有可能降低與後臺營運相關的成本

應對客戶的聊天機器人可以評估使用者的請求，且能夠根據主題、難易度、客戶的類型等特徵選擇最佳的服務專業人員來回應這些請求。透過生成式人工智慧助手，服務專業人員可以立即存取產品指南、政策等相關資訊，以回應客戶的請求。

（三）生成式人工智慧工具在廣泛的軟體開發領域很有用

首先，可以透過輸入程式碼或自然語言編寫程式碼，幫助開發人員更快地、進而讓摩擦減少來編寫代碼。生成式人工智慧的自然語言翻譯功能可以最佳化既有框架的整合和遷移。

生成式人工智慧工具能利用現有文件和資料集來大幅提高內容生成的效率。這些工具可以根據特定客戶的個人資料和歷史紀錄來製作個人化的行銷和銷售內容。

▪ 研發上的潛力

生成式人工智慧在研究和開發方面的潛力還不能說是廣為人知。但是，這項技術有可能會帶來相當於整個研發成本 10 至 15％ 的生產力。生命科學和化工產業已經開始將基於生成式人工智慧的模型用於研發上，也就是一般所稱的生成設計。加速新藥和材料的開發進程。

一家名為安特斯（Entos）的生物技術製藥公司正結合生成式人工智慧和自動合成開發工具來設計小分子治療藥物。這項技術還可以應用於許多其他產品的設計上，例如大型物理產品和電路。

生成式人工智慧可以幫助產品設計師透過更有效率地選擇和使用材料來降低成本。此外，還可以針對製造的設計進行最佳化，從而降低物流和生產的成本。另外，對製藥產業的影響尤其重要，因此將在下一節詳細論述。

▪ 共識：變革是革命性的

　　麥肯錫報告的基本論點是，生成式人工智慧將對企業活動的本質產生重大影響。這與本章第一節中所介紹的克洛普的觀點相同。

　　接著，這也與本書的基本觀點相同。本書認為，生成式人工智慧所帶來的影響非常巨大且具「革命性」。

　　包括麥肯錫報告在內，從迄今為止所看到的文獻來看，對於「變革是革命性的」這點，可以認為已經形成了共識吧。

　　進而，它應用在哪些領域上，這點很重要。

　　麥肯錫報告的一個特點是對各個領域的使用進行了全面的分析。進而，得出的結論是，在金融、研發和客戶服務領域上的應用，將有更進一步的發展。這個觀點與第一章第六節中介紹的兩篇調查論文的觀點相同（另外，金融業的實際引進施行狀況將在本章第四節闡述）。

　　麥肯錫的報告中特別引人注目的是強調其在研發上的意義。實際上，它在藥物研發領域已經逐漸有了成果。關於這點，將在下一節加以論述。

　　另外，上述都是從它將帶給業務什麼影響的觀點來看。說到生成式人工智慧的影響，其對就業的影響，這問題也很重要。關於這點，將在第七章第三節加以論述。

69

CHAPTER 2 / 企業可以使用 ChatGPT 到什麼程度？

3 \ ChatGPT 將徹底改變藥物研發

■ 藥物研發的革命性變化

誠如本章第二節介紹的麥肯錫報告所指出的那樣，製藥業是受生成式人工智慧影響最大的產業之一。生成式人工智慧將為藥物的發現和開發作出重大貢獻，並有可能對製藥和醫療產品產業產生重大影響。

製藥公司將大約20％的收入用於研發上，開發一種新藥平均要花十到十五年。所以，藉由提高研發的速度和品質就可以創造巨大的價值。舉例來說，在藥物發現過程中一個稱為「識別先導化合物」的步驟裡，研究人員辨識出新藥潛在標靶的分子[註2]。即使使用深度學習技術，這一步驟也可能需要幾個月的時間。然而，藉由使用生成式人工智慧，此步驟就可以在幾星期內完成。

藥物發現是為了治療特定疾病而尋找有望的候選藥物，並將其製成商業產品的過程。這是複雜、費時又花錢的過程。對化合物重複實驗並進行篩選。

傳統的藥物研發方法大多仰賴反覆試驗。而試驗要達到

〈註2〉 作為藥物研發起步的化合物被稱為「種子化合物」，意指「藥物種子」。藥物研發研究人員合成具有各種結構變化的種子化合物，並進行篩選。透過這種方式發現的具有一定活性、可能具有進一步開發潛力的化合物稱為「先導化合物」。一旦獲得先導化合物，就會合成結構略有不同的化合物，從而逐漸縮小優良化合物的範圍。然而，由於組合數量極多，藥物研發過程漫長且成功率較低。

成功也需要花數年時間。有時甚至要花上數十年。根據顧能（Gartner）2010年的調查，從藥物研發到上市的平均成本約為18億美元，其中藥物研發成本約占三分之一。而且，還要花上三到六年的時間<註3>。

如果引進人工智慧技術，則可以透過利用大量數據產生有價值的洞察力和預測能力來簡化這一過程。生成式人工智慧已經被活用於設計各種用途的藥物上，為製藥公司提供了降低藥物發現成本和縮短藥物發現時間的巨大機會。

▪ 人工智慧在新冠疫苗中大顯身手

新型冠狀病毒疫苗從疫情蔓延起不到一年就開始接種。口服治療藥物也在感染擴散起約兩年時間也投入實際使用。如此這般快速的疫苗和藥物研發，其背後是人工智慧的飛躍發展。

新冠病毒的主流疫苗是「mRNA」型疫苗。開發這種疫苗需要闡明複雜的蛋白質結構，這在以往是一項非常耗時的任務。然而這次，在這研究過程中活用人工智慧，使得在很短的時間內可以闡明蛋白質的結構。對於奧密克戎（Omicron）變異株，開發疫苗所需的資料可在兩星期內獲得，新疫苗可以在大約三個月內發貨。

藉由醫療紀錄和基因組資訊等臨床資料集的快速成長，在支援製藥公司活用人工智慧進行藥物研發上創造了巨大的

〈註3〉 Gartner, 2023.9.4.

機會。

ChatGPT 有助於識別潛在的藥物標靶。透過分析蛋白質、基因和其他生物分子之間的複雜相互作用，可以快速識別藥物介入的潛在標靶。據此，研究人員可以將精力集中在最有希望的候選藥物上，從而節省寶貴的時間和資源。有望大幅提升藥物研發的效率和有效性，最終改善世界各地患者的醫療結果。

進而，ChatGPT 可以協助臨床實驗的設計。據此，將使研究人員能夠設計更高效、更具針對性的臨床實驗，最終可能導致新藥快速獲得批准。更進一步，GPT4 能夠分析來自以往臨床實驗的龐大資料，這能力有助於識別對未來研究有用的趨勢和模式。

摩根士丹利（Morgan Stanley）預測，在未來十年內，人工智慧活用於藥物研發的早期階段，將可能會帶來五十種新療法，價值預估超過 500 億美元（約 6 兆 8 千億日圓）。顧能預測，到 2025 年，超過 30% 的新藥和新材料將使用生成式人工智慧技術有系統地被發現出來（目前為 0%）。

▪ 製藥公司與科技公司的共同體制

但是，為了使用上述方法，就必須使用人工智慧技術來分析大量資料。然而，許多製藥公司沒有備齊在公司內部實施這項工作的體制。因此，製藥公司和人工智慧科技公司之間正在建立共同體制。

世界各地的製藥公司正在透過與精通科技的新創公司合

作，或自家聘請資訊科學家來促進人工智慧的引進和實施，以縮短從藥物研發到上市的時間，並且降低成本。

微軟已經在這領域上展開了許多舉措。舉例來說，與瑞士製藥大廠諾華（Novartis）合作，將生成式人工智慧應用於藥物研發上，以提高藥物開發的效率和速度。目的是從大量的化合物中發現新的候選新藥。據說「藥物研發技術」的市場規模為 1200 億美元（約 16 兆 3 千億日圓）[註4]。

▪ 研究平臺泰拉

ChatGPT 在藥物研發方面上的潛在應用正超越製藥業不斷擴展中。學術研究人員和生物技術公司也可以從這項技術中受益，因為它有助於確定新的治療標靶和開發創新藥物。進而，由於可以使用 GPT4 來挖掘大量科學文獻，所以研究人員能夠隨時掌握其領域的最新發現和突破。

泰拉（Terra）是由麻省理工學院（MIT）、哈佛大學、微軟和維爾利（Verily）共同開發的安全生物醫學研究平臺。透過這工具的使用，所有研究人員都可以上傳自己的資料、存取公開可用的資料集、使用計算工具，並與世界各地的科學家合作。

[註4] 日本經済新聞、2023 年 3 月 10 日。

▪ 武田製藥的人工智慧藥物研發

　　武田製藥於 2022 年 12 月 13 日宣布，已與美國藥物研發生技公司「寧巴斯・賽拉皮迪克斯（Nimbus Therapeutics）」（波士頓）達成協議，收購其子公司「寧巴斯・拉克希米（Nimbus Lakshmi）」的所有股份，而該公司正在開發治療一種名為「乾癬」皮膚病的候選藥物〈註5〉。收購價格為 40 億美元（約合 5 千 5 百億日圓），收購於 2023 年 2 月執行。

　　這藥物是由人工智慧從無數候選藥物中挑選出來的。透過使用人工智慧，就能夠將篩選藥物的時間縮短到六個月。預計將於 2023 年進入臨床實驗的最後階段，據說，如果成功的話，它將成為世界上首批借助人工智慧而誕生的藥物之一。估算高峰時期的年銷售額有可能達到 5 千億日圓。

　　德國拜耳公司、瑞士羅氏控股公司和武田製藥公司正在與美國遞迴製藥公司（Recursion Pharmaceuticals）合作，促進使用機器學習的藥物研發。另一方面，英國阿斯特捷利康（AstraZeneca）與班諾瓦勒特 AI（BenevolentAI）和依魯米納（Illumina）結盟〈註6〉。中外製藥宣布將在其全公司營運中引進生成式人工智慧「ChatGPT」〈註7〉。以提高藥物研發的成功率為目標，例如，先導化合物（見註 1）的確定等。

〈註5〉　武田藥品工業、2022 年 12 月 13 日。
〈註6〉　*Bloomberg*, 2023.5.11.
〈註7〉　日刊工業新聞、2023 年 6 月 30 日。

4 \ 日本金融機構如何使用它？

▪ 銀行的使用

來看看日本金融機構的使用情況吧。首先是銀行。

三井住友金融集團於 4 月宣布，將獨自開發支援員工的對話軟體，並將其引進業務中。具體來說，如果輸入諸如「希望您製作在判斷特定企業的貸款上所需的資料」之類的內容，系統將根據財務資訊等建立草案。此外，如果詢問有關內部會計程序等問題，它會給具體的答案。對於輸入的訊息，由於管理在無法從外部存取的網路上，因此確保了安全性[註8]。

瑞穗銀行已開始在所有員工的工作中使用對話式人工智慧。使用者是日本境內大約三萬五千名的員工，透過無法從外部存取的網路來進行管理，確保了安全性[註9]。

在三菱日聯銀行，部分銀行員工正在使用 ChatGPT 來製作審批文件。藉由 ChatGPT 的靈活運用，收集審批文件製作上所需的資訊。此外，讓 ChatGPT 修改審批文件的內容，以防止遺漏和錯誤[註10]。這三大銀行為了防止訊息外洩萬無一失，因此禁止使用一般公開的對話式人工智慧[註11]。

[註8]　NHK、2023 年 4 月 11 日。
[註9]　テレ朝 news、2023 年 6 月 27 日。
[註10]　東洋經濟オンライン、2023 年 7 月 24 日。
[註11]　「対話型 AI、メガバンクも活用へ　でも一般向け ChatGPT は厳禁」朝日新聞デジタル、2023 年 5 月 5 日。

▪ 證券公司的使用

大和證券以大約九千名的全體員工為對象，開始使用 ChatGPT。透過使用「Azure OpenAI Service」，致使資訊無法外洩的安全環境下，它可以用於所有業務上。可以預期以下的效果[註12]。

- 支援英語等資訊的收集、減少外包文件製作上所花的時間和成本。
- 透過使用它來製作各種文件和提案，就可以騰出時間來完成本來的工作，例如：與客戶接觸的時間或企劃立案等。
- 透過廣泛的員工使用，創造出活用的創意想法。

野村證券將 Allganize Japan 股份有限公司（它是專門針對企業提供自然語言理解人工智慧解決方案的公司）經營的人工智慧聊天機器人「Alli」引進到其資產管理應用程式「OneStock」中。「Alli」引進後，常見問答集的回答準確度提高了，再者，運用體制中，也從以前的三名幾乎變為一名[註13]。

瑞穗證券以所有員工為對象，引進了瑞穗證券版本的 ChatGPT，即「MOAI 聊天 － Build on ChatGPT」。它是使用微軟提供的「Azure OpenAI Service」，並根據安全標準和合規性要求開發出來的。預期的使用案例如下所述[註14]。

[註12] 日本經濟新聞、2023 年 4 月 18 日。
[註13] Allganize Japan 株式会社、2023 年 7 月 6 日。
[註14] みずほ証券、2023 年度第 1 四半期　決算說明資料、2023 年 7 月 28 日。

- 會議紀錄、報告等文章的撰寫。
- 搜索手冊、規則等公司內部文件。
- 程式碼生成，開發業務效率提升。
- 在行銷和合規業務上的使用。

▪ 保險公司的使用

　　住友生命保險於 2023 年 7 月，引進了可供約一萬名員工使用的 ChatGPT 系統。為了讓員工更容易使用 ChatGPT，便為「文章摘要」和「新企劃提案」等各個不同用途準備了指令文範本，以促使員工利用。據說，自 7 月 13 日開始運作以來，約一萬名員工中，實際使用的人大約有一千名，每星期大約輸入一萬條訊息。

　　僅從上述來看，它主要是供公司內部使用。不過，針對客戶的業務也一點一點開始成形。T&D 金融人壽保險已與資訊科技顧問公司伊施戴爾（Estyle）合作，開始針對提高呼叫中心的營運效率而使用 ChatGPT 等大型語言模型的實證實驗。引進一個利用人工智慧把與客戶的對話自動轉錄的系統。接線生掛斷電話後，必須確認和摘要轉錄的文句內容，然後將其發送給主管。文句內容的摘要就交給大型語言模型來做。此外，也可以考慮使用大型語言模型來判斷是否可以承保疾病患者的保險。目前可能需要半天到一天的時間才能答覆，但藉由它，便逐漸可以做到立即回答。

　　三井住友海上火災保險已於 2023 年 5 月中旬，為超過一萬名員工建立了可使用 ChatGPT 的環境。然而，引進後一到

兩星期內使用量達到高峰,「在那之後,使用者數量逐週減少〈註15〉。海上日動火災保險公司於 2023 年 4 月 19 日宣布,將引進運用對話式人工智慧服務 ChatGPT」的獨特系統。這系統能針對保險的補償內容和手續等的查詢,自動產生回覆,並將於 6 月開始運用試驗〈註16〉。

▪ 日本金融機構不將它用於客戶業務

誠如上述所看到的,日本金融機構的主要使用對象不是針對客戶業務,而是用於內部的文書事務處理(尤其是銀行)。在本章第二節所看到的麥肯錫報告等聲稱其在金融領域上的應用可能性高,與此觀點相比,其消極態度卻是顯而易見。

由於金融機構處理客戶的重要個資,因此在針對客戶業務的使用上慎重其事,是理所當然的。然而,僅憑這一點,就使生成式人工智慧的潛力終究無法實現。

就如過去引進網路銀行系統所展現的樣貌,日本的金融業在新科技的使用方面曾經處於世界領先地位。然而,之後,隨著全球金融業發生重大變化的進程中,日本金融業仍固守過時的商業模式,遠遠落後於世界其他國家。

如今,世界各地的金融機構都開始進行各種嘗試來尋求所謂生成式人工智慧這一新技術的活用方法。如果日本的金

〈註15〉 日刊工業新聞、2023 年 8 月 15 日。
〈註16〉 読売新聞オンライン、2023 年 4 月 19 日。

融機構忽視這股趨勢,將會落後於所謂金融服務升級這一大潮流。

5 \ 對 ChatGPT 持積極和消極態度的公司

▪ 三井化學的新舉措

　　三井化學透過融合 ChatGPT 和華生（IBM Watson），開始了三井化學產品新用途探索的高精準化和高速化的實際驗證。以擴大產品銷售額和市占率為目標。

　　根據該公司的公告，2022 年 6 月起，開始在整個公司展開利用華生搜尋新應用，到目前為止，已有二十多個業務部門發現了一百多個新應用。

　　針對業務部門的一個主題，將超過五百萬件的專利、新聞、社群網站等外部大數據輸入華生中，進而建構了三井化學專用詞典。舉例來說，透過對社群網站數據的分析，發現了很多關於「某地方鐵路車廂中有黴味」的貼文，於是引發了火車上防黴產品的銷售活動，而這在以往銷售方式下是無法想到的。

　　只是利用這種方法發現新用途需要花時間。因此，透過使用 ChatGPT，可以從新聞和社交網路等文本資料中產生和創造值得注意的新應用，進而清楚知道應注意的理由和外部環境因素，並提高新應用搜尋的精準度和速度，藉此使新應用的發現急劇增加。

　　進一步，開始了使用微軟的 Azure OpenAI（即 ChatGPT 的一種）進行實際驗證。即使是不熟悉華生實際使用的使用者也可以在短時間內發現新的應用。將迄今為止使用華生而

發現的新應用的資訊回饋給 ChatGPT，藉此要達成的目標是建立新應用的自動化得以實現。

▪ 日立的舉措

日立製作所於 2023 年 5 月 15 日，成立了一個專門組織來研究生成式人工智慧。把數據科學家、人工智慧研究人員，以及公司內的資訊科技、安全、法律、品管、智慧財產權等各領域的專家集結起來，促進該技術的使用[註17]。

今後，將以組織為中心，推動日立集團三十二萬名員工在各種任務中使用生成式人工智慧，包括文章的編寫、摘要、翻譯和製作原始碼，並積累達成提高生產力的知識訣竅。進而，也為客戶提供安全可靠的使用環境。

根據該公司發布的一篇網路文章，如下的使用方式是可以做到的[註18]。

首先，在制定企劃案時，可以為資料建立基臺。此外，它也可以用於銷售和行銷上。讓電子商務網站的標識或商品介紹文大量產出，並留下反應最好的商品，這樣的利用方式也是可行的。它還能彙整滿意度調查等問卷統計。如此一來，數據科學家便能夠進行更高級的分析。此外，如果詢問生成式人工智慧，便可輕鬆喚醒如產品的設計資料等過去的資產，那麼提高生產力和品質的目標就能達成。

〈註17〉 日立製作所、ニュースリリース、2023 年 5 月 15 日。
〈註18〉 「ChatGPT で話題の『生成 AI』とは？ 働き方を変える最新技術」2023 年 8 月 28 日。

它也可以用來培訓年輕員工。在日立製造所，員工在進入公司的第二年之前都會配有指導員，但除了指導員的個人能力之外，如果再透過生成式人工智慧讓日立全範圍的知識得以共享的話，那麼將會加速人力培育的進展。年輕員工無法直接向指導員或上司提問，這種狀況也屢見不顯，不過，據說開始出現一些年輕員工會向生成式人工智慧提問；也就是在向前輩提問之前，先向生成式人工智慧諮詢之後，才去向前輩問問題。

在另一篇文章中，介紹了年輕員工活用該技術的案例〈註19〉。接下來將列舉出案例，如下：

- 將它用在決定電子郵件或材料的建構上。
- 當業務上出現不懂的生字時，就使用它。搜尋引擎雖然也可以做同樣的事情，但如果使用 ChatGPT 的話，就可以省去選擇網站和流覽所有網站的麻煩。
- 確認文章的謬誤。
- 視覺效果（圖像）的製作。用語言簡化了圖像的具體展現，過去需要幾天才能完成的關鍵視覺效果已經縮短到幾個小時。

■ 松下等公司的積極使用

除了上述的公司之外，還有許多企業也正積極使用

〈註19〉「軽い気持ちで使う、何度も試す　デジタルネイティブ世代と生成 AI」2023 年 8 月 28 日。

ChatGPT。

松下控股活用 ChatGPT 的技術，開發了一款可以回答員工提問的獨特人工智慧助手，而且逐漸能活用在日本境內集團中的所有公司。

日本網路公司「CyberAgent」專門為日語開發了自己的大型語言模型。NTT 也開發了自己的生成式人工智慧。NEC 已經宣布在其公司內部營運、研發和業務中積極使用 ChatGPT 的方針。

三菱電機將向日本境內集團後臺部門的所有員工引進生成式人工智慧，在文件製作和程式碼的產生等方面謀求提高業務效率和生產力。獅王（Lion）針對日本境內約五千名的員工，公開了利用 ChatGPT 自主研發出來的人工智慧聊天系統，以提高各種情況下的運營效率。

■ 許多公司都持負面態度

雖然如上所述一般，有些企業正積極開展這些舉措，但大多數的企業抱持消極的甚至否定的態度。黑莓日本（BlackBerry Japan）發布的一項關於企業和組織如何應對 ChatGPT 的全球調查結果，令人震驚[註20]。

根據這份調查發現，72％的日本組織機構已禁止或正在考慮禁止在工作場所中使用 ChatGPT 和其他生成式人工智慧應用程式。58％的受訪者表示，這類禁令是長期或永久的，

〈註20〉 BlackBerry Japan、2023 年 9 月 7 日。

在客戶和第三方資料外洩、智慧財產權風險、錯誤資訊的傳播等推波助瀾之下，正促成實施禁令的決定。

另一方面，大多數的企業也意識到有關生成式人工智慧應用程式在工作場所上的好處，表示它提高創新（54％）、增強創造力（48％）、提升效率（48％）。77％的受訪者表示，因娛樂用應用程式的禁止，致使制定了複雜的資訊科技政策，給資訊科技部門帶來了額外的負擔。

黑莓（BlackBerry）警告說：「禁止在工作場所使用生成式人工智慧應用程式，也可能抵消許多潛在的商業利益。」

6＼ChatGPT 的外部服務也在日本有所進展

▪ 使用 ChatGPT 的公司外部服務

一些日本公司也正在開發或計畫提供 ChatGPT 相關服務供內部使用[註21]。

針對提供「支援製作審批文件和內部文件」的服務，丸紅已開始實施測試。大日本印刷（DNP）將考慮在文章撰寫、摘要、對話、資訊檢索、分析等方面提供支援。

三菱電機的目標是，實現將電話等口語中識別的句子轉換為書面文字，並製作出公眾通用的句子。將於 2024 年開始提供。律師網站（Lawyer.com）將生成式人工智慧應用於透過聊天所進行的諮詢服務，以及針對律師的研究提供支援的服務。將於 2023 年秋季後提供。

美露可利（Mercari）引進一項功能，讓使用者以對話形式進行交流互動，並在跳蚤市場應用程式中搜尋合適的產品。2023 年度中引進。

使首次公開募股（IPO）的準備工作效率提升，這樣的服務也正在增加[註22]。優尼佛斯（Uniforce）開發了一個提供必要作業等的雲端系統。還增加了 ChatGPT 回答問題的功能。據說也有透過這個系統，準備首次公開募股所需的時間比過

[註21]　「生成 AI 事業化　日本企業も着々」日本經濟新聞、2023 年 8 月 18 日。
[註22]　「IPO 準備　AI で效率化」日本經濟新聞、2023 年 8 月 16 日。

去縮短了四成的例子。

也有如下的例子[註23]。優帕斯（UiPath）日本公司宣布的系統採用了生成式人工智慧，當輸入自然語言時，該系統就會產生業務自動化的工作流程。「Helpfeel」開發的商業工具便是活用 ChatGPT，根據客戶的諮詢資訊，自動產生新的常見問題解答的標題和本文。

「Poetics」開發的工具與 ChatGPT 合作，對會議內容的摘要、重要的商務談判訊息的提取、商務談判的進展方式，提供建議。

羅格拉（Logras）開發的系統利用生成式人工智慧，在輸入問題時，就會顯示經營分析資料。

■ 聊天機器人與登場的 ChatGPT 攜手合作

透過與 ChatGPT 的連結，聊天機器人逐漸可以回應比以前更廣泛的諮詢。據此，提高提問者的問題解決速度，減輕回應者的負擔。

聊天機器人是一種根據已註冊的場景回應提問和諮詢的工具，無法回答場景中未註冊的問題。然而，透過 ChatGPT 與聊天機器人攜手合作，在 ChatGPT 上看到的各種對話也將能夠在聊天機器人上進行。將有可能快速回應，也逐漸可以進行更複雜的互動。

[註23]「生成系 AI がビジネス支援　業務効率化で生産性向上へ」日本經濟新聞、2023 年 7 月 23 日。

如果在網站上安裝搭載 ChatGPT 的聊天機器人，就可以提供促進購買欲的客戶服務，例如產品的介紹或促銷活動的說明、付款方式的支援等。它可以像真人般接待客戶，讓客戶能夠享受購物的樂趣。藉此，進而提高銷售額和增加回頭客。

　　如此一來，搭載 ChatGPT 的聊天機器人有助於將員工和客戶的諮詢業務自動化。如果 ChatGPT 可以代替承辦員工去了解客戶問題的意圖並解決問題，員工就可以專注於其他重要工作。

　　此外，搭載 ChatGPT 的聊天機器人可以自動記錄和分析與客戶的互動等自然語言的理解、資訊擷取和摘要等任務。如果有效地活用大數據，就可以發掘新客戶的需求，並制定強有力的戰略。就連在日本也已經提供了許多服務。

　　如果用「聊天機器人結合 ChatGPT」這個搜尋字眼去搜尋，就會發現許多服務。例如，anybot、Chat Plus、DECA for LINE、FirstContact、hitobo、KARAKURI、Kasanare、OfficeBot Powered by ChatGPT API、Support Chatbot、TalkQA、ShigorakuAI 等。

　　富士通的人工智慧聊天機器人「CHORDSHIP」也實現了與 ChatGPT 的結合。當 CHORDSHIP 無法回答提問者的問題時，若選擇「用 ChatGPT 來查詢」，那麼同樣的問題就可以丟給 ChatGPT。

▪ 靠應用程式介面串接擴展用途

應用程式介面（API）是一種在不同軟體之間交換資訊的機制。使用 ChatGPT 應用程式介面，就可以將 ChatGPT 的強大功能整合到自己的應用程式中，在程式設計中使用 ChatGPT 就能得以實現。藉此，就能大幅減少人工智慧開發上所需的時間和資源。由於可以使用訓練完成的模型，因此不必從頭開始訓練人工智慧。藉此，開發者可以集中精力在更重要的工作上。

它可以根據不同需求設計出客製化的人工智慧解決方案。例如，可以將 ChatGPT 應用程式介面活用於教育、娛樂和醫療保健等各種目的上。

▪ ChatGPT 應用程式介面的具體用途

使用 ChatGPT 應用程式介面能設計出來具體的應用程式，除了前面已經提到的之外，還有以下的應用程式。

- 教育用應用程式：可以使用 ChatGPT 應用程式介面設計出教育用的應用程式，以幫助學生深入學習。據此，學生可以按照自己的步調學習。有關具體的教育用應用程式，請參閱第五章第一節。
- 外掛程式功能：能夠更有效率地執行特定的任務。

7＼憑藉生成式人工智慧和智能合約的全自動化企業

■ **靠區塊鏈自動化**

正如我們所看到的，生成式人工智慧可以把各種工作自動化。再者，人工智慧在自動駕駛等各種領域中，可以把以往人類所做的工作自動化。

順便一提，在有別於前面所提及的另一種意義上，自動化也是可能的。那就是使用區塊鏈的自動化。它使企業的經營決策自動化。如果把人工智慧驅動的自動化與基於區塊鏈的自動化相結合，就可以打造一個完全自動化的組織。

區塊鏈在將人類的工作自動化這點，與人工智慧相似，但它是不同的技術。人工智慧自動化主要是在人類的勞動上。例如，工廠自動化等。以往是由工人操作著機器，如今由機器人取而代之。又或者是，以往由人類來開車，但未來也將發展成自動駕駛汽車。生成式人工智慧使白領階層的工作自動化。

從某種意義上來說，區塊鏈實現的也是自動化。然而，它並不是取代人類的勞動。區塊鏈取代的是經營者和管理者的工作[註24]。

〈註24〉 野口悠紀雄『ブロックチェーン革命』（日本経済新聞出版、2017年）第9章。

將其更進一步推展，企圖在沒有真人管理者的情況下，使用區塊鏈將企業的經營自動化的構想，也開始出現。

▪ 什麼是智能合約？

如果使用區塊鏈，就能保留不可竄改的紀錄。透過將其與智能合約相結合，業務就可以自動運作。

在此提到的「智能合約」是指可以用電腦程式的形式編寫的合約。在一定條件下運行的程式被註冊在區塊鏈上，並在滿足條件時啟動。接著，會把結果自動記錄在區塊鏈上。遵循這一點，電腦就可以自動執行合約。如此一來，電腦就會自動處理合約的談判、簽訂和執行，並將紀錄記錄在區塊鏈上。藉此，複雜的合約就能夠在短時間內以低成本執行。

比特幣是最早使用這種機制的企業。交易按照「比特幣協議」的規則（程序）進行。據此，它會檢查比特幣的轉帳者是否是比特幣的合法所有者、轉帳的金額是否超過其持有的額度、是否進行重複支付等。如此一來，就可以在沒有中央集中式管理者的情況下進行交易。

在虛擬貨幣交易中，被稱為「礦工」的電腦參與這項工作，它扮演著普通企業中的工人角色。因此，這個系統架構中有工人，然而卻沒有經營者和管理者的存在。

▪ 從比特幣到去中心化金融

在轉帳、匯款和結算業務中，大多數決策都是例行公事。

所以，它是最適合運用智能合約和區塊鏈組合在一起的東西。

不僅如此，還有很多金融交易都適用於區塊鏈。也就是說，可以將各種經濟交易以智能合約的形式在區塊鏈上進行操作。

目前正在運作的企業都一定有管理的人或經營者。然而，管理者或經營者所做的工作真的是非人類來做就無法做成嗎？這點令人質疑。比特幣明白揭示出，例行性工作的決策可以交給電腦來勝任。電腦甚至可以處理相當複雜的內容。真正非得由人類來判斷和決定的事情幾乎不多。

被稱為去中心化金融（Decentralized Finance，簡稱DeFi）的新金融體系是比特幣等虛擬貨幣（加密資產）的進一步發展[註25]。這是一個利用區塊鏈進行結算、貸款、證券、保險、衍生性商品和市場預測等金融交易的系統。這也就是，在沒有像銀行般由中央集中控管金融機構的情況下，提供金融服務。

除此之外，保險領域的應用也在嘗試中。舉例來說，所謂的「P2P保險（Peer to Peer Insurance）」出現了。這使得少數保險投保人無需透過現有保險公司，就可以直接聯繫起來，制定規則，並透過智能合約和區塊鏈自動處理接受新投保人、進行估算、計費和發放退款等事務。

此外，還有一種叫做參數型保險的東西。這種保險是只要「觸發事件」就能立即支付保險金。在確認航班延誤的情況下，透過智能合約自動支付保險索賠，這樣的保險已經上

[註25] 野口悠紀雄『データエコノミー入門』（PHP新書、2021年）第6章。

CHAPTER 2 / 企業可以使用 ChatGPT 到什麼程度？

路了。

在金融交易中，交易完成之前往往有許多仲介機構參與其中，這種情況屢見不顯。這些機構使用自己的資料庫，確保交易完整性和進行帳戶對賬，這樣要付出巨大的成本。如果使用區塊鏈，就可以降低成本並縮短時間，幾乎為零。

▪ 靈活的智能合約

目前的智能合約很僵化死板。但是，人們認為可以使用生成式人工智慧使其成為更靈活的機制。它會讓智能合約中的參數隨情況而產生變化。那樣的話就可以根據不斷變化的情況做出決策吧。它可以根據情況來改變行為，而不是僵化死板的行為。

為此，有必要正確知道去中心化自治組織（Decentralized Autonomous Organization，簡稱 DAO）所處的狀況。為此，生成式人工智慧會存取公司的資料庫並根據需要調整智能合約的內容。

▪ 完全自動化的公司

透過智能合約和人工智慧所驅動的自動化相結合，就可以創建一個完全自動化的企業。舉例來說，可以想像一家自動化的計程車公司。

首先，這家公司的車輛是自動駕駛的，所以沒有司機的存在。這樣的計程車業務事實上已經在美國加州展開營運。

不過,這家公司需要做出各種經營上的決策吧。例如,何時將車輛送去定期檢查或是將車輛更換為新車等決定。還有,事故的處理等也很重要。

這類決策是在第三章所論述的資料驅動型（Data Driven）經營中做出來的。生成式人工智慧存取公司的資料庫並檢索必要的資料。接著,進行各種分析並做出決策。最後,幾乎所有的決定都能夠在不經由人類的情況下而作出來吧。

類似的事情在其他各式各樣的行業上也將有可能做到。例如,經銷業務,不僅是線上銷售業務,還包括實體商店,幾乎都可以轉換為去中心化自治組織吧。

▪ 哪些工作只能由人類完成？

以目前的生成式人工智慧技術,不可能代替人類做出所有決策。譬如,發生事故時的處理。如果是極其輕微的問題,以目前的生成式人工智慧技術或許能夠解決,但是關乎人身事故等問題,我不認為在沒有人類介入的情況下就能自動處理完成。因此,這方面的自動化沒那麼簡單有所進展。

然而,毫無疑問地,現在人類所做的大部分工作都可以自動化。特別是,目前中階管理階層所做的許多工作完全有可能會被上述的去中心化自治組織所取代。

接下來,企業可能會由少數最終決策者和資料處理相關的高技術專家來經營。

這不僅適用於營利事業公司。對公家單位來說也是如此。

CHAPTER 2 / 企業可以使用 ChatGPT 到什麼程度？

完全可以想見，未來將能夠用現在無法比擬的極少人數提供比現在更優質的服務。特別是對於為民眾提供的各種服務，可以如是說。這樣一來，組織營運所需的人數就有可能會明顯減少。

在這樣的社會中，如何維持人們的就業和收入，絕對不是簡單的課題。

第二章總結

1. ChatGPT 不僅有助於提高行政效率，而且有能力改變公司的商業模式。日本企業能否因應如此重大的變化，取決於公司經營者能否主導改革。現在是開始準備的時候了。
2. 根據麥肯錫的一項調查，在「客戶服務」、「銷售及行銷」、「系統開發」和「研發」四個領域中，生成式人工智慧所提供的價值占 75% 以上。從行業類別來看，對零售、銀行、研發等都很重要。
3. ChatGPT 正給藥物發現帶來一場革命。接下來，它也讓尋找新的治療藥物和臨床試驗加快速度。
4. 日本的金融機構也試圖在業務中引進 ChatGPT 等生成式人工智慧。然而，它們預期其用途主要是提高公司內部文件製作等文書處理的效率。生成式人工智慧本應該在針對客戶的業務上發揮其本來的威力，但由於擔心資訊外洩，因此沒有設想

這類的應用。但是，這樣會不會在金融服務升級的潮流中被淘汰掉呢？
5. 日本公司也開始積極使用 ChatGPT。也有將社群網站資料的分析應用到產品銷售活動中的例子。另一方面，大多數日本企業從資訊安全的觀點出發，對於使用 ChatGPT 持消極甚至否定的態度。
6. 透過連接到 ChatGPT 的應用程式介面，可以建立針對個人使用進行最佳化的應用程式。越來越多的公司正在開發針對外部使用的各種 ChatGPT 相關服務。
7. 若將生成式人工智慧和區塊鏈技術相結合，則可以建立一個在無需人工參與的情況下就能夠自動營運的組織。在這樣的世界裡，人類該扮演什麼角色呢？

能否實現資料驅動型經營？

CHAPTER

3

1＼使用生成式人工智慧的最大目標是支援決策

■ 日本考慮的是單純業務的效率化

如前所述，對於企業而言，生成式人工智慧的用途有以下幾點：
①提高單純業務的效率
②改善客戶服務
③支援決策
在日本企業中考慮使用的，以第一點內容居多。

利用生成式人工智慧確實可以提高製作檔案、校對郵件、分析資料等日常業務中很多工作（其中很多是簡單重複的工作）的效率。

如此一來，員工就可以從重複和手工作業的工作中獲得解脫，能有更多的時間去解決更高層次的問題和創造性的工作。因此，這種利用方式確實有必要。然而，這樣僅僅使用了生成式人工智慧的一小部分潛力。

第二點的用途也是企業感興趣的領域。生成式人工智慧可以因應客戶的諮詢、提供產品和服務的相關資訊。藉此，企業就可以三百六十五天、二十四小時提供高品質的客戶服務。在電話自動回應方面等，日本已經出現了各種各樣的服務。地方政府今後在應對居民時也會推動這樣的應用吧！

然而在日本，對於第三點的支援決策，到目前為止幾乎所有的企業都漠不關心。政府和地方政府也是如此。生成式

人工智慧有能力分析大量的資料，解釋這些資料，並生成有用的資訊。這在組織的決策支援上應該是至關重要。所以，尋找與它相關的可用性本來就有重要的意義。

▪ 生成式人工智慧如何支援決策？

以下是生成式人工智慧支援組織決策的方法。這裡我們假設的是企業，但同樣的情況也適用於政府和地方政府。

- 數據分析：透過快速分析大量資料，找出隱藏在資料中的複雜模式。由此獲取並洞察出競爭環境、市場動向、顧客行為等資訊。其結果可以活用在新技術和新產品的開發、行銷戰略的制定等決策上。
- 預測：運用過去銷售的數據，預測未來銷售的目標。此外，從顧客的行為數據，預測購滿意願的變化。這結果能用在庫存管理、價格設定、銷售策略等。
- 模擬和情境分析：對各種情況進行模擬，事先評估不同的策略和決定會帶來什麼樣的結果。

現在，這些分析都是由專家透過複雜的模型來完成的。但是隨著生成式人工智慧的發展，任何人都可以用自然語言向生成式人工智慧提問，並立刻得到答案。例如，經營者有可能可以用自然語言向生成式人工智慧詢問經營決策的模擬分析結果。雖然現在我們還不能完全做到這點，但幾乎可以肯定，在不久的將來，我們可以做到。

▪ 以往方法與生成式人工智慧方法的差異

人工智慧至今仍被應用於企業經營上，但其目的主要是預測和升級。生成式人工智慧極具可能會創造與這些不同的新價值。

生成式人工智慧是從大量資料中生成新資訊和新想法的人工智慧。由於擁有從現有資料中導引出新的觀點和解釋的能力，因而可以為制定經營戰略和決策作出巨大貢獻。例如，從現有的顧客資料中發現新的市場趨勢，提出商品設計和行銷策略之類的運作。

生成式人工智慧還可以提出新的商業模式和服務。我們可以分析大量的市場資料和消費者行為資料，從中發現新的商機，提出新的服務和商品。這與傳統的以預測和升級為目的的人工智慧的應用是完全不同的，它可以幫助我們形成更具創造性的經營戰略。

生成式人工智慧可以為管理提供新的觀點，說明提高組織的競爭力。但是，為了充分利用這些資料，我們需要掌握正確的資料收集和管理，以及正確解釋和利用這些資料的技能。

▪ 透過大數據處理實現「資料驅動型經營」

資料驅動型經營（或稱數據驅動型經營）是指不依賴經營者的直覺和經驗，而是以數據資料為基礎制定戰略和實施

措施的經營<註1>。生成式人工智慧讓這變得更容易。

到目前為止,企業在經營中開始使用了數據資料。因此,可以說「從很早以前開始,就有資料驅動型經營」。那麼,為什麼我們要強調資料的使用呢?企業在經營中使用資料確實不是什麼新鮮事。

現代經營與過去不同的是,它採用了更加客觀、科學的方法,即「高速處理大量資料,並根據其結果作出經營判斷」。

重要的是,由於資料收集、處理和分析技術的進步,讓這一決策過程成為可能。資料驅動型經營反映了資訊技術的進步和資料利用的進化。

因此,我們可以從經驗法則的判斷中邁出第一步,最大限度地利用我們得到的資訊,作出更精確、更迅速的決定。它讓我們擺脫了以往基於經驗、直覺或者有限的資料來作決定的習慣。這就是為什麼要強調「資料驅動」的原因。

■ 銀行應用程式介面的使用也有可能實現

使用透過銀行應用程式介面(API)獲得的資料進行資料驅動型經營也有可能實現。這些是利用客戶的交易資料、信用資料和其他銀行相關資料開發新的服務和產品,實現更高效能的營運。

所謂「運用生成式人工智慧,活用本公司資料」的手法,

〈註1〉關於「資料驅動」的基本思想,請參考下述文獻。野口悠紀雄『データ資本主義』(日本經濟新聞出版、2019年)第4章の4「『データ駆動型』とは何か」。

主要是在資料來源及其適用範圍上的差異。使用自家公司資料的生成式人工智慧的應用，主要是基於企業已經擁有的客戶資訊和交易歷史等內部資料，匯出新的洞察和解釋的運作模式。

而透過銀行應用程式介面獲得的資料，除了銀行自己的資料之外，還包括銀行客戶和交易的廣泛資料。因此可以獲得更廣泛和更深入的見解。

進而，銀行應用程式介面提供的資料還可能包括企業自身難以直接收集的信用資訊等高價值資訊。

與只使用自家公司資料相比，透過銀行應用程式介面獲得資料並加以運用的這種資料驅動型經營可以擁有更廣、更深的視野，更有可能發現新的商機。但是，基於銀行應用程式介面的資料應用涉及到資料保護法和隱私限制等法律規範，而且還涉及到客戶的信任和企業的品牌形象，因此需要妥善處理。

2 \ 進行資料驅動型經營的企業

作為資料驅動型經營的成功案例,各種各樣的例子被舉出來。其中最成功的企業和實際進行資料驅動型經營的代表性企業,有以下這些。

■ 亞馬遜

亞馬遜(Amazon.com)從早期開始就一直在推廣資料驅動型經營。以下幾點尤其重要:

- 使用銷售預測模型來預測哪個產品將銷售、何時銷售以及銷售多少。如此一來,哪些產品應該在什麼時間維持多少庫存就可以做到最佳化。
- 配送路線最佳化:針對配送請求,利用配送的地址、當下的交通狀況、天氣等資料,計算出最佳配送路線。此外,使用預測分析,預測特定地區的配送需求,調整物流貨運中心的配送車輛出發時間和配送順序。

■ 網飛

網飛(Netflix)也是一家以活用數據資料而聞名的企業。尤其是應用於以下的領域中。

- 內容推薦:收集詳細數據資料,例如用戶的觀看歷史紀錄、他們評價的電影、觀看的日期和時間,以及他們用來觀看的設備等。以這些資料為依據,預測用戶

的喜好，為每位用戶推薦最適合的內容。
- 製作原創內容：靠著活用觀看的數據資料，為每位用戶提供最適合的內容，也有助於為他們製作新的內容。

▪ 愛彼迎

愛彼迎（Airbnb）的使用方式如下：
- 用戶資料和過去的行為分析：分析用戶個人資料訊息、過去的訂房預訂紀錄、收藏清單、搜尋紀錄等。據此，能夠了解用戶喜歡什麼樣的住房設施、在意哪些重點要素，然後根據這些來作客製化的推薦。
- 使用偏好相似和其他具有優先排序事項的用戶資料，來建立同好相近的用戶群組。
- 分析用戶發布的過去住房體驗的評論和評級，評估房東和住宿的品質，並優先推薦值得信賴的住房設施。
- 掌握特定日期或地區的需求上升或供應短缺的情況，並向用戶提供合適的價格和住房設施。

▪ 日本超商集點卡的資訊使用

日本超商透過集點卡收集顧客購買的資訊，並以各種形式加以活用這些資訊。具體使用方法如下所述。這些活動可以被評價為資料驅動型經營的一種。
- 商品的配置與陳列：藉由分析顧客的購買資訊來確定熱門商品和暢銷商品，並以此為基礎，將商品的配置

和陳列做到最佳化。
- 庫存管理和採購：根據每項產品的銷售資訊，將商品的庫存管理和採購做到最佳化。藉此就能夠減少商品滯銷和防止銷售一空。
- 行銷活動：根據客戶的購買資訊，展開為客戶量身訂製的個人化行銷活動。舉例來說，可以藉由為各個顧客經常購買的產品提供優惠券等，促使其再度光臨。
- 新產品的開發：透過分析顧客的長期購買資訊，了解他們的喜好和消費傾向，並以此為基礎，進行新商品的開發。

據說，日本的超商引進集點卡和伴隨集點卡而收集到顧客的購買資料，這些都是從 2000 年代初期正式開始的。

舉例來說，7-11 是在 2001 年開始「七卡服務」。七卡服務雖然主要是具有預付卡的功能，但同時也在進行收集顧客的購買歷史資料。後來，在 2007 年，引進了「nanaco」，據此就有可能可以收集到更詳細的顧客資料。羅森（Lawson）於 2010 年推出「Ponta 卡」，並開始收集顧客的購買資料。全家於 2007 年開始處理「T 卡」，並且收集同樣的資料。

3＼企圖轉換為能活用生成式人工智慧的企業結構

▪ 包括管理層在內的所有員工都必須使用它，這點很重要

生成式人工智慧是一種可以用自然語言指示電腦，並能與電腦對話的機制。因此，使用自然語言，將逐漸能夠從企業資料庫中讀取所需的資料。

到目前為止，資料分析必須由專家來執行。然而，隨著生成式人工智慧的使用，許多人逐漸能夠自己操縱資料，並能輕鬆分析資料。因此，企業裡的所有成員有必要了解生成式人工智慧的基本操作原理。以此為基礎，對輸出作適當地解釋和加以利用。此外，所有公司成員也都必須了解有關人工智慧的局限性、法律和道德問題，以及公司機密資訊的處理等。

這不僅是員工的事。對管理階層而言才是更需要強烈被要求的事。到目前為止，在日本的組織中，將資料處理等事務留給專家來做的狀況還是屢見不鮮。這種情況需要大大地改變。

經營管理者本身必須要逐漸學會這種使用方式，並且將它用在管理決策中。到目前為止，經營管理者自願操作公司資料庫的，幾乎微乎其微。一般認為，大多數情況是，他們請專家讀取資料，或者查看專業部門製作出來的分析結果等。在過去，操作資料庫並非容易的事，因此有這些情況不足為

奇。但是，在生成式人工智慧的時代，就有可能不需要透過專家即可直接參考引用企業資料。

■ 有必要建立資料驅動型的組織文化

上述的情況稱為「資料驅動型的決策」。為了實現這一目標，就有必要建立「資料驅動型的組織文化」。

這種文化是指，整個組織都決定尊重資料，並將其分析活用於日常的決策中。具體來說，如下所述。

在資料驅動的組織中，資料比經驗或直覺更加重要。決策必須以證據為基礎、以數據資料為後盾來實行。在整個組織中讀取和共享資料。藉此，可以防止資訊不流通而形成「孤島」化（也就是跨部門和團隊的資訊支離破碎），而且每個人都能基於相同的資訊來行動。

■ 日本企業的垂直結構是一個問題

從1970年代到1980年代間，日本企業的數位化並沒有落後於世界其他地區。世界上最先進的銀行線上系統就清楚地顯示出這一點。然而，在這個系統中，專家只為特定的業務操作大型電腦系統，而並非整個企業全體使用共通的資料庫。更不用說經營管理階層，當然也沒有參閱資料庫，也沒有將它反映在決策上。

然而，自1980年代以來推動的資訊科技化卻與它有著不一樣的特質。它的特質是，運用個人電腦和網路，讓所有員工都使用共通的資料庫。資訊系統發生了特質的重大變化，

從以往的集中式走向分散式。

然而，日本企業一直都呈現垂直結構。因此，無法轉換為運行整個企業通用資料庫的系統。這是日本企業在網路時代暴露出來的根本問題。

▪ 到目前為止日本企業尚未活用資料

重要的是，需要什麼樣的資料，如何解釋獲得的資料，以及如何將其用於經營管理的決策上。特別是，如何評估未來的不確定性和需要承擔多少風險。這些判斷在過去大多依賴於感覺和經驗。然而，在後資訊科技革命的世界中，許多企業、政府等公家機構都致力整頓和完善資訊系統，以便適當地使用資料。

然而，很難說日本公司已經根據數據資料採取了適當的行動。這被認為是自1990年代以來顯而易見地日本經濟停滯的根本原因之一（另一個原因是，由於日圓貶值，產業結構無法因應中國工業化的重大變化而發生轉變）。

▪ 資訊變得更加孤島化

為了進行如上所述的使用，該建構什麼樣的資料庫，也是一個問題。它必須是一個涵蓋採購、生產、銷售、投資和人力資源等企業所有活動的資料系統。

日本企業也為了促進業務的營運和提高效率而引進資訊科技，結果因此而累積起數位資料。然而，由於收集資料的目的不是為了分析和活用，因此根據業務的不同，程式代碼

系統會有所不同,輸入和輸出格式也會有差異,以至於無法直接使用。使用了工作現場主導下的資料之後,結果因不同部門而使用的工具也會各有不同。這就是所謂「資訊孤島化」的現象。

對於這種狀況應該如何處理,成為重要的課題。會建構適合生成式人工智慧系統的企業和無法建構這系統的企業之間,其差距在未來將可能會擴大吧。

▪ 不改革日式的組織文化,日本將被淘汰

將資料驅動型的組織文化與傳統型的企業文化進行比較,將有以下的差異。

首先,在傳統型的組織中,資訊大多僅由特定部門或職位的人員掌握。然而,在資料驅動型的組織中,資料由整個組織全員共享,也確保資料的透明化。

此外,在傳統型的組織中,失敗大多被視為應該避免的事。但是在資料驅動型的組織中,其重視的是,基於資料來分析失敗,並從中學習、吸取教訓,反覆改善。

生成式人工智慧應用於企業決策中,就連在美國也並非已經有所進展。而這是預計未來會發展的事。不過,美國企業的組織結構很容易適應生成式人工智慧。因此,隨著人工智慧技術的進步,朝向資料驅動的變革將會加速進行吧。

相較之下,日本的許多組織仍然延續著傳統型的組織結構,很難適應生成式人工智慧。如果這樣的組織結構今後也持續下去的話,令人擔心:生成式人工智慧在企業決策中的

應用處於沒有進展的情況下，日本企業恐將在世界的重大變革中陷入被淘汰的危險。日本企業如何將本身的結構轉變為資料驅動型組織，這點將會決定它們在生成式人工智慧時代的命運吧。

第三章總結

1. 企業可以使用 ChatGPT 來提高業務營運效率和改善客戶服務。然而，它最重要的是對企業決策的支援。為了在日本實現這一目標，組織文化的徹底改革是不可或缺的。
2. 亞馬遜、網飛、愛彼迎等美國企業正積極進行資料驅動型經營。而日本超商則是把透過集點卡取得的顧客購買資料加以利用。
3. 透過生成式人工智慧的活用，包括經營管理者在內的公司所有成員，都逐漸能夠以自然語言使用公司的資料庫。據此，資料驅動型的決策有可能會實現。只是，要實現這一目標必須建立資料驅動型的組織文化。保有垂直結構的日本企業恐怕會陷入資訊孤島化現象和無法活用生成式人工智慧的潛力。為了將生成式人工智慧活用於決策上，就必須改革企業的結構。企業必須提高員工的技能，並且變革組織體制系統。

ChatGPT 也走進醫療與法律相關領域

CHAPTER

4

1＼生成式人工智慧能否實現「不需要律師的社會」？

■ 未來會產生超越網路的影響

法律相關業務是受生成式人工智慧影響甚大的領域之一。解說有關 ChatGPT 等生成式人工智慧對法律相關工作影響的文獻上，可以參考薩福克大學（Suffolk University）法學院院長安德魯・佩爾曼（Andrew Perlman）教授的一篇論文〈註1〉。

佩爾曼教授表示，它的影響力遠遠超過網路帶來的影響。為了支持這項說法，那篇論文是由 ChatGPT 生成出來的。只有摘要、引言、大綱標題、結語和提示是由人類撰寫的，而其餘剩下的原文內容則由 ChatGPT 在無人工編輯下生成出來的。

生成式人工智慧有可能用於以下四個法律相關的領域上：

- 法律調查：生成式人工智慧快速掃描大量文本資料並提供特定主題的資訊。據此，協助律師進行法律調查。
- 文件製作：生成式人工智慧可用於製作合約等法律文件，節省律師的工作時間。
- 提供一般法律資訊：生成式人工智慧也可用於回答常見的問題和提供基本的法律建議。

〈註1〉　Andrew Perlman, "The Implications of ChatGPT for Legal Services and Society", The Practice, March/April 2023.

- 法律分析：生成式人工智慧根據相關法律原則和判例提供建議和見解，藉此協助法律分析。

藉由上述這些，可望提高法務的效率和準確性、讓律師能夠處理更多的案件、為委託人提供高品質的服務。

▪ 生成式人工智慧可用於製作合約

使用生成式人工智慧製作法律文件時，請按以下步驟進行。

首先，它要求用戶輸入相關人員、合約條件、特殊規定等資訊。然後，生成式人工智慧可以根據這些資訊做出法律文件草稿，用戶可以因應需求來重新審視、修改這份草稿。

舉例來說，如果用戶想要簽訂房地產的買賣合約，他們可以向生成式人工智慧提供買賣雙方的姓名、房產價格，以及處理始料未然、突發狀況的規則就可以了。生成式人工智慧會基於這些資訊製作出合約草稿。用戶可以重新審視它並進行必要的更正。藉由此過程，製作法律文件時，可節省用戶的時間和精力。

▪ 律師的角色會消失嗎？

一般來說，低收入者很難獲得有利的法律服務。但是，如果得到 ChatGPT 的協助，就可以製作出遺書等文件。絕大多數生活在貧困水平線以下的人和大多數中等收入的美國人在遇到嚴重的民事法律問題（例如小孩的監護權、債權收回、

驅逐和扣押）時，得不到適當的協助。

藉由為客戶提供他們自己能用的方法，或是提供給律師可以接觸到比目前更多客戶的方法，生成式人工智慧提供了一種滿足這些需求的方法。

人工智慧雖並非意味著律師的角色會立即消失，但在未來，一個不再需要律師的社會可能會實現。也就是說，現在正處於「一個沒有律師的社會的起點」。

許多客戶，尤其是那些處理複雜問題的客戶，仍然需要律師提供專業知識、建議乃至諮詢。然而，這些律師為了提供高效率和有效的服務，也逐漸會尋求人工智慧的工具吧。這些工具極有可能是非常有價值的東西，律師可能在某些情況下必須使用它們。

在以上指出的事項中，我認為以下幾點非常有趣。
- 在 ChatGPT 的協助下，可以製作合約內容等。
- 對低收入者來說，它是一個很大的恩惠。
- 將來可能不再需要律師。

佩爾曼教授進一步指出，就如同向學生展示如何使用電子調查工具一樣的手法，法學院需要將 ChatGPT 這樣的工具納入課程中。舉例來說，第一年的法律寫作課程和模擬演練的課程中，必須教導未來的律師實際上該如何使用技術。

另外，除了佩爾曼教授的論文之外，佩爾曼教授甚至在法學院裡，還對「ChatGPT 能否在訴訟中取代人類律師？」這一問題進行研究。也有一些研究說明，ChatGPT 可以歸納

相關判例中的重要事實來支援原告〈註2〉。以上所述，意味著在法律領域的「知識壟斷」將被瓦解。

正如本章第二節所描述的，同樣的事情也將發生在醫學領域上。同樣的變化也有可能發生在其他各種領域上。

■ 能克服幻覺產生的錯誤嗎？

在法律相關的工作中，判例扮演極為非常重要的角色。由於資訊量龐大，因此很難找到必要的資訊。而在這方面，ChatGPT 的潛力卻是非常強大。

但是，必須時時刻刻注意錯誤和誤解發生的可能性。事故正已然發生。2023 年 5 月，在美國紐約聯邦法院審理一起有關飛機機艙內衝突的民事訴訟中，史蒂文・施瓦茨（Steven Schwartz）律師使用 ChatGPT 製作出了一份準備文件，其中包括六個不存在的判例。6 月 22 日法院對這名律師開罰 5 千美元（約 72 萬日圓）。

另外，也嘗試著處理錯誤的資訊輸出。法律景觀（Legalscape）是一家來自東京大學的初創公司，它以幫助企業的法律事務進行數位化轉型、加強法律部門的業務效率和風險管理為目標，開發了一種對話式人工智慧。這個人工智慧有回答法律問題的能力，並且會協助處理多項任務，譬如日常法律諮詢、合約審查等。接著，為了解決幻覺問題，在

〈註2〉「ChatGPT は弁護士の代わりになるか？ 『カタツムリ混入ビール事件』の判例で検証　香港チームが発表」ITmedia NEWS、2023 年 2 月 27 日。

回答問題時一定是依據可靠的法律書籍來讓它回答。

根據該公司的資料顯示，GPT4 對律師考試的某問題給出了錯誤的答案，相對於此，法學研究人工智慧（Legal Research AI）不僅回答正確，而且還呈現出它所依據的判例。因此，用戶可以放心使用它。

據說，平成 26 年（2014 年）律師考試的簡答題（民事科目、公司法範疇）的正確率為 ChatGPT（基於 GPT4）的 35.7％，但法律研究人工智慧（基於 GPT4）的正確率為 78.6％。

再者，據說，在 2012 至 2014 年律師考試和 2012 至 2016 年律師資格考試初試所出的選擇題式的「簡答題測驗」中，與公司法相關的合計有 70 道題，其答題正確率約為 71.4％，高於及格分數要求的 60％[註3]。據說，該公司計畫將這種人工智慧用於法律相關的資訊搜尋服務中，並於 2023 年秋季在市場推出。

〈註3〉 「生成 AI が司法試験『合格水準』東大発新興、一部科目で 『GPT-4』ベースに独自開発」日本経済新聞、2023 年 6 月 11 日。

CHAPTER 4 / ChatGPT 也走進醫療與法律相關領域

2 \ ChatGPT 進軍醫療保健領域

■ ChatGPT 的自我分類能力高

在醫療領域的用途上，首先是提高醫療機構的行政效率，例如整理醫療機構的文件。然而，不僅如此，它還被考慮運用於醫療行為的本身。

第一個是「自我檢傷分類」（自我判斷病情輕重緩急程度）。這是指一般市民自行判斷自己身體狀況的危急程度或優先順序。目前這主要是仰賴網路資訊來進行。但其準確性會令人存疑，並且它無法提供適合每個人具體情況的資訊。

隨著人口逐漸老化，自我檢傷分類的需求將會增加。事實上，周刊上充斥著有關老年人健康的報導文章。此外也出版了許多相關的書籍。甚至，保險公司等機構也透過電話提供健康諮詢服務。還有西科姆（SECOM）的一項服務，一家名為「快速醫生（Fast Doctor）」的新創公司也登場了。

為了達成這些目的而使用 ChatGPT，這點引起了人們的關注。如果大型語言模型可以為醫學問題提供專家級的回答，那麼情況將會發生巨大改變吧！

對此進行了各種調查[註4]。接下來的驗證結果顯示出未來相當可期的結果。有報導指出，ChatGPT 在美國醫療資格

〈註4〉 岡本將輝「医療における大規模言語モデルの価値」時事メディカル、2023 年 6 月 8 日。

考試中取得了及格成績；也有調查顯示，ChatGPT 的回答比醫生的回答更受青睞。

■ 它也被評為優於人類

華盛頓大學研究員笠井淳吾等人使用 ChatGPT 和 GPT4 解決了 2018 至 2022 年日本醫師國家考試。ChatGPT 雖是不及格，但 GPT4 連續五年都超過了及格標準〈註5〉。

提供線上醫療服務的麥芯（MICIN）和金澤大學以一篇尚未經過專家同行評審的論文公開發表了同樣的結果〈註6〉。

在 2022 年國家醫師考試中，關於不看圖片就能回答的題句，讓考生把日文問題翻譯成簡單的英語並讓他們使用 GPT4 作答時，答對率為 82.8％。

對於 2023 年的考試，答對率為 78.6％。其中，82.7％是必修題，77.2％是基礎和臨床試題，每道題都超過了及格標準。然而，研究團隊對錯誤的回答內容提出了異議，將它們視為「過時且致命地不正確答案」。

刊登在醫學界知名的專業雜誌《JAMA》上的一篇論文指出，醫生和 ChatGPT 相較之下，在醫療建議的品質和同理心方面，ChatGPT 產生的回答都受到很高的評價〈註7〉。

〈註5〉 「最新版 AI『GPT-4』、日本の医師国家試 で『合格』」読売新聞、2023 年 5 月 10 日。
〈註6〉 「ChatGPT が医師国家試『合格』も、診療利用に不向きな理由」朝日新聞、2023 年 6 月 15 日。
〈註7〉 Forbes JAPAN、2023 年 6 月 9 日。

CHAPTER 4 / ChatGPT 也走進醫療與法律相關領域

特別是，ChatGPT 據說在以下幾個方面表現出色。
- 對病人的情況表現出同理心。
- 對患者的個人背景感興趣並打算建立個人化關係。
- 在牙醫、醫生、護理師、藥劑師等資格考試中取得高分。

許多人的看法對大型語言模型的臨床有效性和協助診斷的可能性給予高度評價。大型語言模型很可能會在臨床上實現，且極有可能為醫療提供強而有力的支援。尤其是，篩檢、初步診斷、治療方針制定、追蹤、第二意見，以及患者和醫療提供者教育等，有可能發生巨大變化。

▪ 如谷歌的 Med-PaLM 等醫學專業大型語言模型

上面介紹的谷歌 Med-PaLM 等專門用於醫療的大型語言模型，就是 ChatGPT 本身，但也有趨勢是對其進行改良或開發專門用於醫療的大型語言模型。

谷歌實驗室（Google Labs）推出了醫療領域專用的大規模語言模式 Med-PaLM。在美國醫師國家考試中，顯示出 85％的答對率，遠高於 60％的平均分數[註8]。與臨床醫生花了很長時間給出的答案相比，這已經來到非常接近的地步了。然而，也有人說臨床醫生更勝一籌。

日本的開發也持續在進行中。這是快速醫生（Fast

[註8] 「完璧な医療・医学チャットボットを目指して」オール・アバウト・サイエンス・ジャパン、2023 年 7 月 14 日。

Doctor）和人工智慧開發新創公司 Alt 聯合開發大型語言模型。在 2022 年醫師國家考試中，答對率達 82％，超過了合格標準[註9]。由中國研究人員開發的「ChatCAD」以淺顯易懂的方式解釋 X 光影像圖。可以邊看影像圖邊詢問詳細。它也被評價為優於人類[註10]。日本今後人口老化將進一步加劇，醫生短缺將成為嚴重問題。開發可靠的醫療用大型語言模型尤其對日本而言是非常迫切的課題。

▪ 謹慎的意見也很強烈

如上所述，許多醫療相關工作人員對大型語言模型寄予厚望。這出乎我意料之外。而我認為有很多謹慎。這是因為我以為持慎重論點的人居多。

當然，並非所有醫療相關工作人員都對使用大型語言模型抱持積極態度。抱持慎重論點或消極意見的人居多，也是事實[註11]。《日本新聞週刊》的一篇報導中介紹了這樣的觀點[註12]。對明顯的錯誤和偏差等準確度的不穩定性表示擔憂。因此，目前在涉及重要決策的案件中，在沒有專家審查的情況下使用輸出結果，是很困難的。

此外，在隱私、道德、法律約束和法規等方面還有許多

[註9] 「生成 AI が医師国家試 の合格水準に、ファストドクターとオルツが共同開発」日経クロステック／日経コンピュータ、2023 年 5 月 9 日。
[註10] 「ChatGPT がレントゲン画像を分かりやすく説明　中国の研究者ら『ChatCAD 開発』」ITmedia NEWS、2023 年 3 月 1 日。
[註11] Wired, 2023.5.12.
[註12] 『ニューズウィーク・ジャパン』2023 年 4 月 9 日。

應該要解決的課題。納入治療和研究中伴隨的有保密義務、患者的同意、治療的品質、關於可信度和差別待遇的道德擔憂。胡亂使用可能會導致意想不到的後果。再者，發送到ChatGPT的可識別患者資訊將成為未來使用的資訊之一部分。因此，機密性高的資訊很容易洩露給第三方。

■ 與健康相關的使用涉及各種微妙問題

就我個人而言，我從來沒有詢問ChatGPT有關我的任何健康問題。這是因為ChatGPT有可能會給出錯誤的答案（即幻覺）。

即使那個問題被克服了，問題依然存在。這與前面所介紹的擔憂不同。

首先，我沒有把握是否能正確地將自己的情況傳達給ChatGPT。當與醫生會面時，醫生會詢問你各種問題，並針對此作回答。然而，就ChatGPT而言，並沒有這樣地詢問問題。我必須思考這個詢問的問題本身。即使有電話健康諮詢服務，通常電話那頭的人也會問你問題。畢竟與ChatGPT的對話不同於與人類的對話。再者，ChatGPT應該會給出一個偏向安全方面的回答。如果有絲毫的懷疑，很有可能會回答：「最好去看醫生。」如果在認為自己沒事的時候收到這樣的建議，反而會讓人變得焦慮。

正因為如此，即使知道了這裡介紹的調查結果，我仍然沒有心情去詢問有關健康的問題。另一方面，我認為週刊上說「血壓有點高就不用擔心」之類的報導也太瘋狂了。關於

健康的問題有各種微妙因素，難以判斷。需要對這個問題進行進一步研究和調查。

3 \ 知識壟斷的瓦解：ChatGPT 取代律師和醫生的日子來到了嗎？

■ ChatGPT 進軍法律和醫療領域

正如在本章第一節和第二節中所看到的，ChatGPT 有可能擔負得起目前由醫療、律師等專業人士所執行的任務。雖然目前還沒有完全實現，但朝這個方向的改變正在穩步推進，毫無疑問地今後將會發生重大改變。現在無法能夠立即這麼做的主要原因是 ChatGPT 有可能會給出錯誤的答案。因此，對於這些技術的使用抱持強烈的謹慎態度。特別是關於醫療方面的應用，因為它與人的生命有關，所以有強烈的反對意見存在。

然而，針對輸出錯誤的因應對策也正在迅速進行著，在法律訴訟上各種成果可期。此外，可以想見，定型化契約文件的製作等可以借助人工智慧之力來提高效率。一旦變成這種情況，可能會導致專家之間的差距吧。這種情況尤其在律師界發生的可能性極高。能夠使用人工智慧來提供更好服務的律師，將能夠有效率地增加他們的工作並增加客戶的數量吧。另一方面，無法活用人工智慧的專業人士可能會減少工作機會。

■ 專業人才價值下降

不僅如此而已。ChatGPT 極有可能會逐漸取代目前由醫生或律師所做的一些工作。不僅僅是醫生和律師，事實上，以往只有具一定資格的專業人士才能做的事情，ChatGPT 也可以做到。這顯然削弱了專業人士的作用或其價值。

當然，這並不意味著專業人士會立即失業。特別是醫生這個角色，預計今後的日本將會隨著人口高齡化，而對醫療的需求增加，因此 ChatGPT 將透過接管一些醫生的工作來減輕負擔，其效果會更大吧。

然而，毫無疑問地，專業人士壟斷工作的局面肯定會被打破。譬如，在法律相關工作中，ChatGPT 或許能取代行政書記官和司法書記官所做的許多工作。又好比說，如果能借 ChatGPT 的助力，那麼就有可能由自己親自來製作合約文件。這對低收入者而言，是莫大的恩惠。

同樣的情況可能發生在各個不同領域。如此一來，專家以往做的一些事，即使不借助專家之力，就連一般人也能做吧。律師和醫生將依然能以強有力的支援者之姿持續存在著，但與過去比起來，他們或許會變得不那麼重要也說不定。當然，律師和醫生是具有政治影響力的群體，因此不會輕易接受這樣的變化。但是，從長遠來看，很難與技術進步背道而馳。

4＼ChatGPT 正在奪取文案撰寫人的工作

■ ChatGPT 將奪走文案撰寫人的工作

所謂的文案撰寫人是指撰寫在廣告、網站、部落格、社交媒體、宣傳手冊、型錄等的文章和內容的專業人士。他們會選擇有效的詞彙來傳達特定的訊息，並製作出打動客層心理的內容。

所謂數位行銷是指利用網路和數位設備所進行的行銷活動。這包括產品和服務的宣傳、品牌知名度的提升、與客戶建立關係等。文案撰寫人是這個領域的核心人物。然而，文案撰寫人的工作現在正迅速被 ChatGPT 所取代。

正如之前已多次提到的，ChatGPT 存在一個所謂幻覺的問題。這意味著輸出的內容包含錯誤。因此，在實際使用上存在著問題，不過，撰寫文案的工作不太受幻覺的影響。這是因為如果內容有錯誤，人們很容易檢查出來的緣故。

此外，可以根據參考之前的副本如何達到效果的資料來改進副本的內容。因此，在數位市場領域上 ChatGPT 的使用可以說是最適合的方式。這就類似於工業革命期間機器取代人力的情況。經營管理者將很難選擇不使用這個強大的新方法。因此，即使是進行新盧德運動（拆毀機器的運動），其效果也是有限的。

以往，一般認為創意領域很難被機器取代。到目前為止，人工智慧還是被用於工廠和物流倉庫裡重複性作業的自動化

上，或是透過資料分析提高庫存管理效率等領域上。然而，以 ChatGPT 為開端的生成式人工智慧不僅可以分析資料，還可以創造新的創作。因此，它正對腦力工作帶來衝擊影響。

▪ 因人工智慧而裁員實際上已經開始

《華盛頓郵報》的報導（2023 年 6 月 2 日）「行銷內容領域的替代開始」，其刊載內容[註13]如下：

人工智慧已經開始取代行銷和社群媒體內容領域上的工作了。2023 年 4 月，一名文案撰寫人因人工智慧的引進使用而被解僱。「當我看到主管的一則通知說『使用 ChatGPT 比付文案撰寫人的費用更便宜』時，我就了解解僱的原因了。」她說。

這報導進而指出，統計數據已經顯示出人工智慧已經在奪走人類的工作。美國人力資源管理顧問公司挑戰者格雷聖誕節（CG&C）在 2023 年 6 月發布的報告中明確指出，5 月美國企業以人工智慧為由裁員達三千九百人。據彭博社報導，該報告中第一次援引人工智慧作為裁員的原因，並且「表明因人工智慧而引發的裁員確實已經開始」。

▪ 成本比品質更受重視

美國論壇型的社交網站「Reddit」上發布了一篇貼文：

〈註 13〉 中央日報日本語版、2023 年 6 月 5 日。

CHAPTER 4 / ChatGPT 也走進醫療與法律相關領域

「我因人工智慧丟了工作」，這話題引起人們的關注[註14]。一名擁有十多年經驗的自由文案撰寫人起初以時薪 50 美元開始展開工作，但隨著客戶將他的工資提高到時薪 80 美元，這成為他的主要收入來源。然而，某天收到客戶傳來的電子郵件，來函說：「雖然知道人工智慧做事沒有你們做得那麼好，但我們不能忽視利潤比率。」而相信「如果擁有良好的技能，工作就不會被人工智慧搶走」的她，陳述道：「由於成本比品質更受到企業的重視，所以 ChatGPT 搶走了她的工作。」後來她註冊成為送餐服務的司機。

在對這篇文章的評論中，許多用戶表示人工智慧因有可能搶走寫作工作而對人構成威脅。接著收到了許多評論，指出成本比品質更受重視的現狀。例如，很多人覺得人類比聊天機器人更優，但人類正被聊天機器人取代則是現況。許多自由譯者正被谷歌翻譯搶走了工作。翻譯人員確實比谷歌翻譯做得更好，但因為谷歌翻譯翻的速度超快又可免費使用，所以許多客戶傾向於選擇它。這種現象也有可能發生在插畫家等職業上。

■ 「使用 ChatGPT 是因為它功能強大」的觀點也存在

事實上，在「Reddit」上頭也有人留評表示：這並非單純只是降低成本的問題。如果 ChatGPT 沒有能力提供高品質的

〈註 14〉 "It happened to me today," *Reddit*, April 2003.

文本,那麼它只不過是一個補充專業人士技能的小眾工具,如此一來,可以說對真正的專業人士不會構成威脅。事實上,一般認為,ChatGPT 在回答中的「幻覺」似乎比許多在各自領域表現出色的專業人士所犯的錯誤要小。

　　接下來介紹《華爾街日報》最近一篇文章中的軼事。一位企業主要求求職者撰寫有關微波通訊鐵塔的推文和新聞稿。這是一個需要研究的小眾主題,許多求職應考生通常都無法通過這項測驗。然而,這一次,五人全都合格了。

　　所有的答案都非常相似,「幾乎就像是出自一人之手寫出來的」。深感懷疑的企業主就在 ChatGPT 中輸入提示,想看看那會產生什麼樣的答案。結果,「我得到的答案與全部五名求職應考生所提交的答案幾乎相同。」她描述道。

▪ 正職員工與非正職員工之間的問題

　　以上是一個關於美國的故事。如果成本低的話,就會毫無留情地把員工炒魷魚。一般人或許會認為這種事只有美國才會做得到也說不定。也許有人認為,這種無情的事情不會發生在日本。然而,許多文案撰寫人在日本也以自由工作者的身分從事此工作。這些人因為不受勞動契約的保護,他們是真的有可能面臨失業的風險。因此,可以想像,日本極有可能將出現類似美國的情況。

　　另一方面,要解僱受勞動契約保護的正職員工卻很困難吧。如此一來,這可能會導致生產力高的人失業,而生產力低的人繼續就業的情況。換句話說,這意味著日本經濟可能

127

無法適當地因應 ChatGPT 所引起的巨大變化。

1950 年代發生的從農業社會過渡到工業社會的轉型,之所以能達成是因為整個經濟都在成長。然而,由於當前整體經濟成長停滯不前,如其同樣的轉型極有可能無法達成。

▪ 「你贏不了不用錢的?」

人們常說:「人工智慧是不用錢的。你贏不了不用錢的人工智慧。」然而,這個問題其實是相當複雜的。這是因為「你贏不了不用錢的」這句話未必是正確的。其理由如下:

現在,假設某個商品的生產成本為 500 元。假設以往都是付給文案撰寫人 100 元,請他來撰寫標語,結果因此銷售額達到 1000 元。在這種情況下,利潤為 400 元(即 1000 － 500 － 100)。但是,如果使用 ChatGPT 來編寫標語的話,則成本為零。接下來假設銷售額為 700 元。在這種情況下,利潤只有 200 元(即 700 － 500)。換句話說,透過使用 ChatGPT,廣告宣傳成本確實降低為零,但由於靠 ChatGPT 所撰寫的宣傳廣告其創造的銷售額並沒有增加多少,因此利潤減少了。

這樣一來,只因為成本為零,未必表示 ChatGPT 比較好。人工文案撰寫人之所以被裁減,是因為他們無法實現物超所值般地使銷售額增加的緣故。當然,有些公司可能實際上不會這樣去計算,僅僅因為成本為零的理由而採用 ChatGPT。然而,從長遠來看,這樣的公司將會被淘汰吧。

第四章總結

1. ChatGPT 等生成式人工智慧將對法律相關工作產生根本性影響。它可以製作法律文件，也能在訴訟中替代律師的角色。這是「一個不需要律師的社會的肇端」。
2. ChatGPT 也持續擴展到醫療領域。有調查顯示，在自我評估和醫療建議上，它有優於人類醫生的一面。此外，專門針對醫療領域的大型語言模型也正在開發中。在不久的將來，許多以往由人類醫生來執行的工作有可能會被人工智慧取代。
3. 生成式人工智慧雖然可能不會取代醫生和律師目前所做的所有工作，但部分工作完全有可能自動化，甚至連普通人也能做得來。這可以稱為是一種「知識壟斷的瓦解」現象。
4. 在美國，文案撰寫人的工作正逐漸被 ChatGPT 取代。這是因為即使抄寫的文案品質有些低，但價格為零這點具有吸引力。同樣的現像也有可能發生在日本。

知識傳播與教育機構根基的巨大變化

CHAPTER

5

1 ＼ ChatGPT將動搖教育的根基

■ 比起對學徒或學生的管束規定，教育工作者如何改變才是問題

　　生成式人工智慧的能力目前還不完善。然而，預計它未來會有所進化。如果變成那樣的話，它就有可能從根本上改變當前的學校教育制度。

　　我認為將所有的教育都交給ChatGPT既是不可能的，也不見得人們希望如此。但是，在原理上是有可能的。孩子使用ChatGPT來學習所有科目也並非不可能。現在要問的問題是「應該如何看待和因應如此重大的變化」。

　　2023年7月4日，日本文部科學省於針對ChatGPT等生成式人工智慧發布了指導方針，歸納總結出關於在學校使用時應注意的要點。主要著眼於禁止在作文和小論文中直接使用ChatGPT輸出。然而，如今，既然新的學習方法已經引進來了，那麼真正重要的是，建立一個如何在教育環境中使用它們的方法。

　　要求教育者本身要去考慮他們應該如何發展演變，而並非僅僅對學生或學徒管束、限制。與前幾章中描述的專家和企業的情況不同，這需要一種新的方法來因應處理教育部門的獨特問題並探索其可能性。

　　生成式人工智慧在教育中扮演的角色絕對不容忽視或低估。從小學基礎教育到出社會工作的成年人再培訓，這所有

過程中，生成式人工智慧肯定是占有重要的一席之地。我們必須認真思考：需要生成式人工智慧在其中扮演什麼角色以便使用？在某些情況下，ChatGPT 也有可能取代傳統老師的角色吧。

此外，它也在協助和減輕教師的工作上發揮作用。未來教育的本質和教師的角色仍和現在一樣、根本不會改變等，這類觀念是難以想像的。

■ 雖然有積極使用的描述……

文部科學省的指導方針中還寫著：活用它作為英語對話的夥伴、提升英語表達等。雖然並不是說這樣做沒有必要，但首先重要的是，必須回到教育的本質，思考如何有效地使用人工智慧。

在該指導方針中，建議使用它來提高思考能力和發揮創造力的方法。那些確實是必要的，但很抽象。

從學校實際引進的例子來看，建議在當地活動中應該致力的企劃上，提出創意想法。企業可能會做這樣的事，但在學校教育上是否也願意做這樣的事，仍是個疑問。

企業界也有些人正在積極探索適應新時代的方法，但教育界是否會以同樣的認真態度來看待此事呢？也看到一些老師表示：「由於自己本身沒有使用經驗，所以不知道應該如何教導。」在這種情況下，就無法採取適當的應對措施。因此，首先，教師必須嘗試使用看看。

▪ 教學和學習用的應用程式大量出現

　　作為 ChatGPT 和應用程式介面連接的應用程式，用在教育和學習上的各式各樣服務已經出現了。經營線上自學教室服務「民學」的民學公司於 2023 年 3 月發布了搭載 ChatGPT 的補習班支援服務「老師的 BUKA（測試版）」。在教學環境中使用 ChatGPT，因應教師日益增長的需求，即老師想專注於面對面的學生指導和訪談等只有人類教師才能做的事情上。「LearnMore」利用 ChatGPT 創造故事，並開發了可以愉快學習日文漢字的應用程式「漢字 PT」。「atama plus」已開始為其人工智慧教材「atama+」提供了使用 ChatGPT 的「敘述文章中的單字學習功能（測試版）」。

　　利用人工智慧驅動的英語會話應用程式已經發布了許多。越來越多的事物正在使用 ChatGPT 來實現此目的，例如：op-on、speak、GPTalk、ELSA Speak、Duolingo Max 等。

▪ 目前的能力有限

　　生成式人工智慧是人類和電腦使用自然語言進行交流的一種方式。如何在教育現場環境活用它的能力？ChatGPT 對學習環境的影響非常明顯地呈現出來的地方很多，而在這些地方極有可能發生根本上的變化。不過，現階段生成式人工智慧的能力並不完善，給出正確答案的情況和給出錯誤答案的情況，有時會交錯出現。

　　舉例來說，使用 ChatGPT 確實可以學習修改文章和日文敬語的使用方式。然而，除了前述的幻覺之外，ChatGPT 也

未必總能產出正確的文章。舉例來說，有時也會使用所謂「打工敬語」等錯誤的敬語。除此之外，也屢屢模仿充斥在社會上的不恰當文章。因此，首先，需要一個測試來檢驗人工智慧扮演教師角色的能力。

首先，應該教學徒和學生的是如何評估 ChatGPT 的能力，接著根據他們的能力，正確指導他們如何能獲得自己想知道的資訊。

▪ 家教老師的角色比老師更適合

在這種情況下，預計教育方法將會發生變化。生成式人工智慧與其說是傳統的老師，還不如說是家教老師，也就是說，它極有可能扮演家庭教師的角色。這種方法對開發中國家的兒童而言或許是有用的。但在日本，人們能夠不受經濟限制的影響而受教育。問題是這樣的社會是否會形成。

不久的將來，有望會有進一步的進化演變。尤其是，如果與 ChatGPT 建立的應用程式介面連接能夠實現低成本的話，那麼其準確性就會提高吧。透過這種方式，世界各地的兒童將能夠獲得如家庭教師般親切友善的指導吧。這效果極其巨大。

進而，今後將會有很多應用程式出現吧。這不僅對學校教育產生重大影響，也會在成人教育、重新培訓、老年人終身學習、資格考試等許多領域上帶來顯著的影響。尤其是對社會人士的學習影響特別大。沒有必要花錢補貼重新培訓；更確切地說，這些應用程式應該逐漸可以免費使用吧。

▪ 學習到底有必要嗎？

還有更基本的問題。那問題就是，「學習有必要嗎？」學英文有必要嗎？有必要學習其他的外語嗎？我認為這是必要的，但如果被深入問到這問題，我沒信心可以提供最終的答案。我想回答「我學習德語是為了讀歌德的原著」，但我不知道這樣的答案是否會被社會接受。「如果 ChatGPT 可以回答你的任何問題，那麼當你需要知識時，直接問它就可以了。人類還有必要自身具備這些知識嗎？」可能有人會心生此疑問。

然而，ChatGPT 必須要有適當的提問和指示，為此，知識是必要的。表達自己想法的能力，進而將其適當地傳達或轉述給他人的能力，這些能力都是必需具備的。只有這樣，才能適當地拓展自己的思維。把現實世界的問題形式上轉化為數學問題並加以解決，這樣的能力也是必需具備的。學會歷史、地理、社會結構和自然界的法則等基本知識也是不可或缺的。無論人工智慧技術多麼先進，這些都是有必要具備的。

▪ 是否需要專業知識？有必要為專業教育而進大學？

然而，如果進一步深入思考，就會出現許多問題。在各專業領域上都有專家的存在。但如果人工智慧進步了，可能會冒出一些問題，好比說是否需要這樣的專家之類的問題，又或是專業知識本身和專家存在的必要性乃至有關資格考試的意義等問題。

我認為，專家的存在和學問的累積是必要的。然而，這必要性不再是不言而喻，這也是事實。至少，學問和專業知識的本質正逐漸發生巨大改變，這是顯而易見的。問題是，社會的框架和人們的意識能否適應這點。

2＼ChatGPT 是否在《紐約時報》訴訟中陷入困境？

■ 根據判決結果，ChatGPT 將不成立

美國《紐約時報》對 ChatGPT 的開發商 OpenAI 提起訴訟，要求支付預訓練資料的使用費用。這個問題極為重要，它關係到一個問題的本質，即「如何建構與資訊和知識有關的社會系統？」

首先，縱觀過往至今的歷史，《紐約時報》一直都禁止將其文章擅自任意用在人工智慧的訓練上。因此，除非 OpenAI 能夠證明它在預訓練中沒有使用該報的文章，否則它將被罰款。報導指出，判決結果為何呢？若每條侵權內容將被處以最高 15 萬美元的罰款等，這樣難道不會產生極其巨大的影響嗎？

另外，也有報導指出，OpenAI 面臨被聯邦法官命令完全重建整個 ChatGPT 資料集的風險。如果 OpenAI 被課以如此巨額的罰款又被要求系統重建，那麼 OpenAI 的事業將無法立足吧。

而且，問題並不僅僅是《紐約時報》。各種媒體或個人或許也會提起同樣的訴訟也說不定。要應付他們全部終究是不可能的吧！

接下來，同樣的事情也會發生在所有開發生成式人工智慧的公司身上，而不僅僅是 OpenAI 吧。因此，判決結果將會

對生成式人工智慧的前途帶來重大的影響。

▪ 預訓練的價值是學習用文本的價值,還是模型的價值?

這個問題有幾個面向。第一個面向是,知識的價值是如何創造出來的?ChatGPT(或是也包含其他東西的大型語言模型)在預訓練期間讀取大量文本,提高了它的能力(關於它讀取了多少文章,請參閱第六章第五節)。換句話說,從這些文章中獲取了經濟利益。

在此的問題是,這價值是如何產生出來的?《紐約時報》的報導本身就很有價值。接著,它就產生相對應的訂閱費支付。然而,生成式人工智慧創造了有別於此的價值。這是靠生成式人工智慧模型得以實現的。因此,透過學習產生的利益屬於 OpenAI 的東西,這樣的說法也成立吧。

然而,由於如果沒有預訓練階段所使用的文本,其價值就無法實現,因此,其所創造的價值有很大一部分應該返還給原始文本的創作者,這樣的說法當然也成立。

▪ ChatGPT 不能免費使用嗎?

如何決定這分配才好,這點是以往未曾有過的新問題。今後必須對這問題作出決定。然而,作出那個決定絕對不是一件容易的事吧。事實上,《紐約時報》過去也為了簽訂合約,一直與 OpenAI 進行交涉。由於無法達成協議,所以才決定訴

諸這次的審判。

然而，這問題不解決不行。未來的媒體和生成式人工智慧的形態將會根據如何解決這個問題而受到莫大影響。接下來，這不單單只是《紐約時報》的問題，也是一般書籍等相關產業存在的問題。事實上，日本報業協會等四個團體已於2023年8月17日發布了聯合聲明。

根據達成什麼樣的解決方案，大眾媒體的未來形態將會大不相同吧。另外，以日本的立場來說，由於對方是外國公司，因此還有由誰來如何要求賠償的問題。此外，如果付款金額太大，OpenAI將無法免費提供ChatGPT。這樣一來，以往可免費（或是以相當便宜的價格）使用的東西或許不能再用了也說不定。如此便引發了一個極為重要的問題。

另外，中國的生成式人工智慧也被認為在預訓練階段閱讀英文文獻，但也存在著如何處理的問題。

▪ 生成式人工智慧會摧毀傳統媒體嗎？

這個問題的第二個面向是，生成式人工智慧危及傳統媒體的生存。如果生成式人工智慧在學習過程中閱讀《紐約時報》的報導，那麼用戶或許可以透過生成式人工智慧閱讀同一份報紙的報導也說不定。如此一來，就沒有必要訂閱該報紙。ChatGPT有可能取代《紐約時報》成為新聞來源。如果變成這種情況，該報將變得無法營運。事實上，該報宣稱這個問題是最重要的問題。

這不僅只是如《紐約時報》這般付費的情報來源上的問

題。對網路上免費提供的報導文章上也成為一個問題。它們多半依靠廣告收入為生，或是將用戶從一般解釋性的報導文章等引導到販售產品和服務的頁面，藉此獲取利益。然而，如果能夠透過生成式人工智慧閱讀到原始報導文章，人們就會變成不去造訪這些網站。

■ 我的實驗：用生成式人工智慧可以閱讀網路上的報導文章嗎？

我認為這是一個非常重要的問題。因此，在我的著作《『超』創造法》（幻冬舍，第十二章第五節，2023 年 9 月）中有相當詳細的描述。

事實上，請求 ChatGPT，就可以閱讀《紐約時報》的付費報導內容，這種情況也曾有過。因此，我們進行了一個實驗，看看是否可以使用「Bing」等工具閱讀網路上的報導文章。這是一種稱為「網頁抓取（web scraping）」的操作。如果能做到這點，人們不用造訪網站，就能閱讀內容。

這個實驗的結果不是很明確，結果會因情況而有所不同。雖然並不是能夠讀到完全準確的內容，但「也不能說根本不去讀它」的情況占多數。

此外，ChatGPT 將於 2023 年 5 月在付費版本的 GPT4 中推出一項名為網頁滾動的服務，讓用戶能夠瀏覽網頁。然而，可以讀取付費網站這點被人點出來後，該服務急忙停止，但之後又恢復。就像這樣，該問題目前仍處於不斷變化之中，還不知道將來會如何解決這狀況。但毫無疑問，這是對未來

社會產生重大影響的問題。

創造知識是要付出代價的。因此，如果知識得不到適當的對價，知識的產出就會不足。但如果對價太高，則無法使用。如何建構這方面的社會制度，將變成決定未來社會的基礎。

關於這個問題的第一起訴訟，即《紐約時報》的訴訟，會出現什麼結果，令人拭目以待。

第五章總結

1. 文部科學省關於 ChatGPT 的指導方針著重於使用上的限制，卻對「教導方面必須如何改變」這樣的問題意識薄弱。
2. 《紐約時報》針對 ChatGPT 預訓練資料的使用費，對 OpenAI 提告。由於這是關乎「資訊價值如何產生出來」這類問題的基礎，所以這起訴訟將對生成式人工智慧的未來帶來重大影響。然而，它並非是輕而易舉答得出來的。

大型語言模型的運作原理

CHAPTER

6

1 \ 要想使用得更好，就必須知道它的結構原理

■ 解說報導沒有寫出重要的事

　　ChatGPT 是一個前所未有的全新工具。要適當地使用它，必須知道它的結構原理，即便是粗略大概地了解也可以。可以要求什麼樣的工作？它會回答什麼樣的問題？如何下指令才能引導出期望的結果？為了判斷這些事，就必須具備有關 ChatGPT 結構原理的知識。

　　再者，關於生成式人工智慧的新聞每天都有報導，但為了判斷它具有什麼樣的意義和有多大的重要性，就必須對生成式人工智慧有粗略的了解。這種知識對於生活在現代社會的許多人來說是不可或缺的。

　　關於 ChatGPT 和生成式人工智慧的解說報導和文獻已經多如山高。然而，即使閱讀了它們，也很難獲得想知道的知識。從讀者的角度來看，解說報導中所寫的許多內容都是不必要的，或者是已經為人所知的內容；從另一面來說，他們也不清楚想要知道的至關重要之事。很多時候，想要知道之事並沒有寫出來，或是只寫出一丁點。

　　舉例來說，在考慮如何使用 ChatGPT 時，重要的是，對於 ChatGPT 如何提高能力（在進行什麼樣的學習），想知道其做法。然而，那還尚未明確清楚。

▪ 說明難懂的原因：沒有說明基本要點

在大型語言模型中，把單字處理為向量。對人工智慧研究人員來說，這是理所當然的事，所以不會對此一一加以說明。然而，從一般大眾的角度來看，即使告訴他們「用向量表現單字」，他們也想像不出要做什麼。因此，從一開始就完全不明白。

關於人工智慧的說明可能難以理解的第二個原因是，專業術語在沒有解釋的情況下跳出來。為了知道它的意思，一旦查看別的文獻，則會發現進一步是用另一個科技術語來撰寫解釋文。所以無論走到哪裡，都無法了解它的意思。

進而，有的時候，日常用語被當作具有特定含義的技術術語來使用，也沒有對其加以說明。舉例來說，「標籤（label）」一詞。這是日常生活中使用的文具之一，但在人工智慧文獻中，它被用於不同於此的特殊意義上。

用開發偵測垃圾郵件的模型為例來加以說明吧！

此模型的目的是，在顯示隨意而來的電子郵件內容時，辨別它是否為垃圾郵件。

當使用機器學習來開發這樣的模型時，必須準備大量的資料。每個資料集都由顯示出電子郵件內容的文本和關於電子郵件是否為垃圾郵件的判別所組成。在這種情況下，有關機器學習的文獻中，將「顯示出電子郵件內容的文本」和「電子郵件是否為垃圾郵件的判別」稱為「標籤」。

然而，帶有表明「電子郵件是否為垃圾郵件的判別」的標籤，其資料的收集上，需要花費大量的精力和時間。為了

避免這種情況,開發了「自監督學習」和「非監督式學習」的方法。

在這文字脈絡下,「標籤」一詞用於表示「顯示出電子郵件內容的某種形式的資訊」。其與日常用語的意思相去甚遠。因此,當「標籤」這個詞單獨出現時,是無法理解它的意思。

即使在搜尋引擎中搜尋「標籤」,也不會出現答案。這是因為日常用語上的「標籤」一詞是用來表示「一張記載了顯示出名稱等資訊的紙片」。由於在人工智慧相關領域中,把它用於特殊的意義上,所以若不搜尋「標籤機器學習」,就無法引導出正確的答案。

此外,日文翻譯也有不恰當的情況。把「Embedded Vector」翻譯為「摺入向量」,這是一個奇怪的日文翻譯。所謂「Embedded」意指東西被埋進表面之下。

■ 一般用語「參數」用作特殊含義

還有一個難懂的詞就是「參數(Parameter)」。

如果看一下網路上的術語詞典,就會發現寫著「媒介變數」和「輔助變數」的說明,但如果作出這樣的說明,反而讓人完全看不懂(雖稱為「媒介」,但以何為媒介?)。

與其那樣說明,還不如舉個例子會更容易理解吧。舉例來說,在直線的方程 y=ax 中,a 是表示斜率的參數。

上述所示的是「參數」的一般含義,但在人工智慧的文獻中,它的意思並不是像這樣的一般含義,而是作為具有特

殊含義的術語來使用。它是機器學習模型的訓練過程中作調整的一個值。機器學習的目標是基於訓練資料把這些參數進行最佳化，並且把對未知資料的預測效能做到極大化。

深度學習（Deep learning）模型具有「權重（weights）」和「偏差（biases）」這兩種類型的參數。權重表示模型中每個神經元之間的連接強度。偏差是調整每個神經元輸出的值。舉例來說，「GPT3 有 175 億個參數」，這意味著這模型有 175 億個權重和偏差值；也就是說，學習和調整具有 175 億個可能的參數。

說明令人難懂的另一個原因是，有各式各樣的分類，而且這些分類是基於什麼標準，目前尚不清楚。是根據目的或用途進行分類嗎？還是按照方法進行分類？根據各種標準所作的分類混合在一起出現。

舉例來說，許多文獻中寫著：「ChatGPT 是生成式人工智慧的一部分。」此外，「大型語言模型」一詞也出現了，而且也有說明指出「ChatGPT 也是其中之一」。那麼，生成式人工智慧和大型語言模型之間有什麼關係呢？雖然查閱了文獻，但怎麼也弄不清楚。即便是利用搜尋引擎，也得不到恰當的答案。

- **「受教的方法」很重要**

解決上述問題的一種方法是讓 ChatGPT 擔任家庭教師的角色。但是，有必要注意「受教的方法」。為何這麼說是因為 ChatGPT 的答案有可能包含錯誤。即使涉及人工智慧，也

未必能保證一定是正確的。

　　首先，不行問籠統模糊的問題。舉例來說，「ChatGPT為什麼會理解和回答人類的問題？」如果是這種粗略的問題，將不會得到有意義的答案吧。

　　比起那樣的提問，提出「非監督式學習是大型語言模型的特徵嗎？」像這樣有針對性的問題比較好。接著，從各種不同的方向多詢問幾次，直到完全理解為止。如果不懂冒出來的專業術語，就詢問其含義。除此之外，從不同的角度詢問同樣的事。從各種不同觀點詢問相同問題，直到理解為止。然後，提醒自己：「總而言之，就是這個意思了。」

　　如果透過這個過程得到的 ChatGP 答案邏輯一致，沒有矛盾的地方，那麼可以說，很有可能沒有陷入因幻覺而產生的錯誤之中。

　　關於 ChatGPT 如何學習和提高能力這點，也可以透過與 ChatGPT 反覆問答來加深對它的了解。舉例來說，當詢問到「監督學習和無監督學習是機器學習一般的分類，還是深度學習的分類」時，ChatGPT 會回應如下明確的答案。它會說：「監督式學習和非監督式學習一般來說屬於機器學習的主要範疇。」關於機器學習的細節雖然在第二章中有描述，但建議各位讀者針對此主題實際試著與 ChatGPT 對話看看。一定能感受到這是一個有趣的體驗哦！

▪ 詢問 ChatGPT 就能了解想知道的事

　　透過閱讀文獻，是無法做到這樣的。即使是利用搜尋引

擎也無法做到像這樣的學習效果。即使由真人講師授課的情況下，也不能一遍又一遍地問同樣的事情。即使參加研討會時，就算有疑問，也不能自己一個人提出很多問題。要成就這樣的學習方式只有靠大型語言模型下才行。這是因為非常有能力的家庭教師出現了。

　　政府呼籲，培育數位人才是必要的，為此有必要再培訓。為此，政府出資補助公司舉辦講習和研討會。然而，沒必要那樣做。如果遵循此處描述的方法，讓 ChatGPT 擔任家庭教師的話，就能更有效地深入了解人工智慧相關的知識。

2 ＼ 人工智慧透過深度學習不斷進化

■ 機器學習

所謂機器學習,是指藉由電腦研究大量資料這點,習得具備資料的模式,並使用這些模式對新資料進行預測和分類的過程。

它應用於影像辨識、自然語言處理(Natural Language Processing,簡稱 NLP)等各個領域上。舉例來說,影像辨識演算法可以從大量影像資料中學習貓和狗影像的特徵,當它看到新影像時,就能辨別它是貓還是狗。機器學習的手法上已經嘗試了如圖表 6-1 所示的各種做法。

圖表 6-1

機器學習以模型作分類

(1) 迴歸分析
(2) 隨機森林
(3) 主成分分析
(4) 神經網路與深度學習
(5) 其他

資料來源:作者整理

■ 神經網路

ChatGPT 使用的是「深度學習」,這是機器學習其中的

一個方法。

深度學習是使用神經網路。它是受人腦的中樞神經系統啟發而誕生的計算模型。

神經網路是由稱為「神經元」的單元所組成。生物學上的神經元是指人類和動物大腦中的神經細胞。它們具有傳輸、處理和產生電信訊號的能力。藉此，可以造就感覺、運動和思考等諸多功能。

人工神經元（或稱「單元」或「節點」）是人工神經網路的基本計算元素。每個神經元接收一個以上的輸入，將這些輸入乘以權重，然後將它們全部相加，合計之後，應用激勵函數。得到這結果的輸出會作為輸入，而被送到下一層神經元。

神經元由輸入層、一個或多個隱藏層，以及輸出層所組成。輸入層接收資料並將其傳輸到隱藏層。隱藏層由一系列神經元組成，各個神經元具有各種不同的權重和偏差。

這些權重和偏差在學習過程中進行調整，並將針對特定問題的網路效能做到最佳化。

輸出層進行最終預測和分類。深度學習能夠藉由擁有更多隱藏層，來具備學習更複雜的模式和結構之能力。它用於各種任務，諸如圖像識別、自然語言處理、語音辨識等（參見圖表 6-2）。

圖表 6-2

依用途對深度學習分類

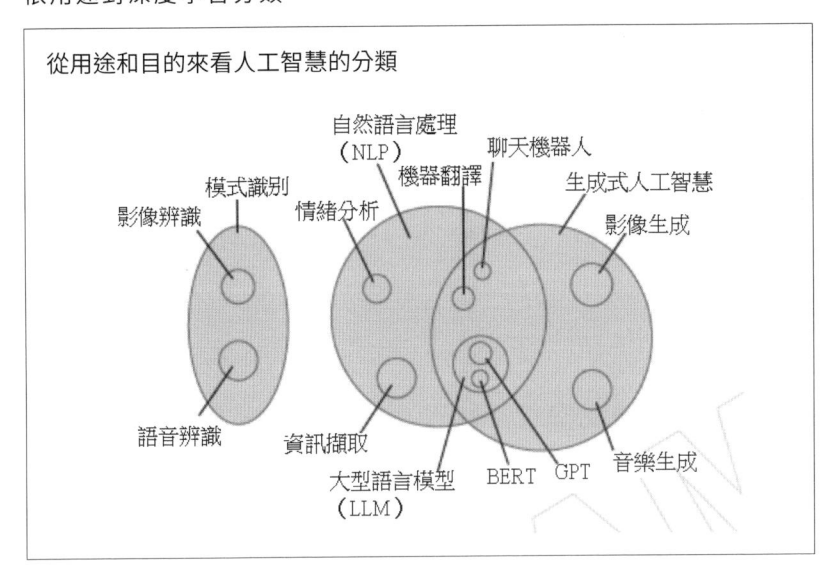

```
從用途和目的來看人工智慧的分類

                      自然語言處理
                       （NLP）      聊天機器人
          模式識別              機器翻譯        生成式人工智慧
                   情緒分析                          影像生成
   影像辨識


   語音辨識
                   資訊擷取                         音樂生成
                   大型語言模型       BERT   GPT
                    （LLM）
```

資料來源：作者整理

▪ 深度學習讓人工智慧的能力顯著提升了

　　如上一節所提到的，深度學習是神經網路的一種，其特徵在於它的「深度」（隱藏層的數量）。然而，它不僅擁有大量的隱藏層，而且還使用特定的學習技術來學習複雜的層次表現。藉由深度學習的開發，人工智慧的能力明顯提升了。在下文中，將以深度學習為中心，加以闡述。

　　深度學習模型可以使用適合特定類型任務的特殊方法，諸如卷積神經網路（CNN）、遞歸神經網路（RNN）、變換器（Transformer）等。

151

早期的深度學習模型中,通常有幾層隱藏層(例如,三至五層)。然而,隨著技術的進步,開發出具有更多隱藏層的模型,進而逐漸能夠學習複雜的模式和特徵。目前的深度學習模型中,隱藏層有的可以多達數十甚至數百個。舉例來說,「VGG16」是圖像識別任務中廣泛使用的卷積神經網路之一,它有十六個可學習層。此外,GPT3 也是一個非常巨大的模型,它擁有 175 億個參數和 48 個變換器塊(層)。

3 \ 深度學習的各種方法

■ 深度學習的方法：監督式、非監督式等

教導深度學習模式的方法有如下所示的幾種（圖表6-3）。

- 監督式學習（Supervised Learning）：從輸入資料和與其相應的目標輸出資料（標籤：在下一節中解釋）中學習。目標是針對新輸入資料，預測正確的輸出。
- 非監督式學習（Unsupervised Learning）：在沒有標籤的情況下，從輸入資料中學習。目標是找出資料的結構和模式。
- 自監督學習模型（Self-Suprevised Learning）：模型本身會產生教師或標籤。為了解決特定任務，模型會學習資料中的潛在模式和結構。
- 半監督式學習（Semi-Supervised Learning）：附標籤資料和未附標籤資料同時存在，使用這兩者來完成單一學習任務。
- 強化式學習（Reinforcement Learning）：學習行動，以期回報達到最大值。這適用於透過一系列決策達成最佳結果的問題（例如，遊戲或機器人的控制）。

圖表 6-3

依方法對深度學習作分類

(1) 監督式學習
(2) 非監督式學習
(3) 自監督學習模型
(4) 半監督式學習
(5) 強化式學習

資料來源：作者整理

▪ 阿爾法圍棋使用了「監督式學習」和「強化式學習」

電腦圍棋程式阿爾法圍棋（AlphaGo）使用了深度學習技術。更詳細地說，它由以下兩部分組成。

第一個是監督式學習。首先，學習由專業圍棋真人棋手對弈的數十萬盤棋，然後從棋局位置和相應走法（標籤）的組合中訓練了一個神經網路。據此，阿爾法圍棋學會了評估局面和像專業人士般的下棋方法。

第二個是強化式學習。接下來，AlphaGo 與自己進行了數百萬次對弈，並以其結果為根本，深入學習。從輸掉的棋局中學習什麼地方下得不好，並利用這些資訊來更新模型。

▪ 智慧型手機的大型語言模型是「監督學習」

用在智慧型手機字元輸入候選詞顯示的人工智慧是大型語言模型的一種。大型語言模型 是基於龐大的文字資料集進行訓練，學習語言模式和關聯性，考慮用戶輸入的文本之上

下文、先前的單字等，根據預測最合適候選詞的上下文來預測下一個單詞或短語。

在智慧型手機的字元輸入中，候選詞的顯示通常採用監督式學習的方法。具體來說，使用龐大的文本資料集，模型學習語言的統計模式，並進行下一個單詞或短語的預測。

▪ GPT之類的是「自監督學習模型」和「監督式學習」

OpenAI開發的GPT所採用的是「自監督學習模型」。使用大量的文本資料（諸如網路上的書籍、報等文章、網站等），模型在接收某個單字或短語時，會透過其與整體文章脈絡的關係來掌握它的含義。藉由這樣的方法，便可以從大量的資料中吸收許多資訊（詳情請參見本章第五節）。

接著，針對特定的任務（例如，文章校對、提問應答、翻譯等），適用該知識，並預測最有可能接續在某個單字之後出現的單字或短語，然後將其輸出（詳情請參見本章第六節）。

這種方法的特點在於學習過程從資料本身產生「標籤」。憑藉這點，無需人工介入來標記，就能從資料中習得模式。

另外，為了執行特定任務，模型有時會進行「微調」。這是「監督式學習」；為了學習執行特定任務（例如，提問應答、情感分析等）的方法，模型是使用有標籤的資料集進行訓練。

在監督式學習的情況下，需要付出大量的努力來準備帶有標籤的學習資料。然而，在自監督學習的情況下，不需要

投入那麼多錢就可以讀取大量的學習資料。因此，能力迅速提升。ChatGPT 能夠在短時間內快速提升能力，是因為其採用了自監督學習模型的緣故。

另一方面，ChatGPT 存在著許多問題，這也是事實。以前面的例子中提到的垃圾郵件的情況來說，判定者判斷該郵件是否為垃圾郵件並註記標籤。判定者的判斷如果正確，輸出也會是準確的東西。

然而，以 ChatGPT 的情況來說，網路上的文章本身扮演著教師的角色，沒有人會提供正確的答案。所以，假如發生網路上的報導文章受到大量發文影響之類的狀況，那麼它就會被判斷為正確。舉例來說，如果發文誹謗特定個人，則可能被判定為正確也說不定。相反地，如果大量發文說「川普是美國的救世主」，那麼 ChatGPT 可能就會依此作出回答。如果這影響到選舉，那就是大問題了。

此外，如果考慮到如上所說的機制，那麼就會知道，ChatGPT 不可能產生前所未有的全新創意想法。其輸出只不過是網路上常見的極普通想法。

4 ＼ 大型語言模型

■ 深度學習的各種用途

　　深度學習若按目的（或是用途）來分類，則有語音辨識、影像辨識、自然語言處理等（圖表 6-2）。所謂自然語言處理是指一種使電腦能夠理解自然語言的技術。其目的是回答用戶問題、生成文章、摘要或翻譯文章等。大型語言模型是執行自然語言處理的方法之一。GPT 是大型語言模型的一種。

　　大型語言模型可以從大量文本資料中學習模式，產生新的文本，並執行有關自然語言的任務（例如，文章分類、資訊擷取、文章摘要等）。大型語言模型是使用深度學習進行訓練的。在這個訓練過程中，模型學習者透過大量文本資料，進行以單字和句子的組合為基礎的預測。

　　大型語言模型非常龐大，有數十億到數千億的參數。這些參數把透過訓練資料所獲得的知識表現出來。模型越大，學習到的資訊就越多，解決更複雜任務的能力也會提高。

■ 大型語言模型和生成式人工智慧的定位

　　圖 6-2 顯示了 ChatGPT 的定位。在此重要的是，「自然語言處理」和「生成式人工智慧」這兩個範疇是不同的類別，而它們的共同的交集中包含了「大型語言模型」。ChatGPT 是大型語言模型之一。除了 ChatGPT 之外，大型語言模型還

包括谷歌的 BERT 等。2023 年 7 月，Meta 開始提供下一代開源大型語言模型「Llama2」。

要判斷此類新聞具有什麼含義及其有多重要，就必須對大型語言模型的定位具備正確的知識。

■ 迄今為止已開發的大型語言模型

迄今為止已開發的典型大型語言模型及相關服務，有以下幾種。

- OpenAI 的「ChatGPT」：GPT3 具有 1750 億個參數。據說 GPT4 大幅超過了它。
- 谷歌的 BERT 是 2018 年宣布的早期語言模型。參數數量為 3.4 億。

  谷歌的對話式人工智慧「Bard」當初所採用的是 LaMDA〈註1〉。

  「PaLM」是谷歌在 2022 年宣布的大型語言模型，其增加參數數量，使效能提高。參數數量據說有 5400 億，大大超越 GPT3。現在，它成為「PaLM2」。以「Bard」為首，活用於各種谷歌的服務中。2023 年 8 月 30 日，谷歌開始試行「生成式搜尋體驗（Search Generative Experience，簡稱 SGE），該體驗在谷歌搜尋結果中顯示生成式人工智慧所彙集的資訊。

〈註1〉 可能會令人困惑，但 BERT 是一種自然語言處理技術。2019 年 12 月也被引入日語谷歌搜尋。Bard 是谷歌開發的生成式人工智慧。

- Meta 在 2023 年 2 月發布了一個名為「LLaMA」的開放式大型語言模型，可供學術用途上自由使用。專門針對英語的模型。參數數量為 70 億到 650 億。
- 亞馬遜於 2023 年 4 月 13 日宣布，將透過其子公司亞馬遜網路服務（Amazon Web Services）提供生成式人工智慧服務「亞馬遜泰坦（Amazon Titan）」。9 月 13 日，該公司宣布將推出一項服務，讓用戶針對所推出的商品，輸入簡單的關鍵字或幾行文字，人工智慧就會自動地讓商品說明完成。此外，9 月 20 日也宣布語音助理「亞歷克薩（Alexa)」將搭載生成式人工智慧功能。
- 馬賽克 ML（Mosaic ML）：一提到「規模小的大型語言模型」就覺得這樣形容似乎有些矛盾，但這樣的模型確實正在開發中。其中之一是馬賽克 ML。該公司是一家成立於 2021 年的人工智慧新創公司。總部位於舊金山。於 2023 年 6 月宣布了擁有約 300 億參數的大型語言模型「MPT-30B」。之前的型號「MPT-7B」已被約三百三十萬用戶下載。MPT-30B 據說在品質上超越了 GPT3。由於參數數量少，可以壓低成本。使用這項技術，據說可以在幾小時內訓練數十億參數的模型。訓練費用只需幾千美元[註2]。
- NEC 開發了日語大型語言模型。靠著獨特的創新，一

〈註2〉「Databricks が LLM 開発の MosaicML を 13 億ドルで買収へ、OSS の生成 AI をさらに強化」日經クロステック，2023 年 6 月 27 日。

方面實現了高性能，同時將參數數量控制在 130 億。
- 包括富士通在內，日本理化學研究所、東京工業大學和東北大學也合作進行了一項研發專案，該專案已開始研發使用超級電腦「富岳」的大型語言模型。
- OpenCALM 是 2023 年由賽博艾堅特（CyberAgent）向公眾公開的日語大型語言模型。它利用開放的日語資料進行學習，擁有最多 68 億個參數。
- 源自東京大學松尾實驗室的人工智慧新創公司伊莉莎（ELYZA）宣布成功開發出可從關鍵字生成日語句子的大型語言模型，並以寫作人工智慧的試用版網站「ELYZA Pencil」開始向公眾開放。除此這些之外，也進行了幾項嘗試[註3]。

■ 巨額的成本該如何籌措？

GPT3 的學習成本估計在數百萬美元到數千萬美元（數億日圓到數十億日圓）之間。但這只是一個估計，並非 OpenAI 官方發布的資訊。

2019 年 7 月，微軟宣布將向 OpenAI 投資 10 億美元（約 1087 億日圓）。除此之外，2023 年 1 月 23 日，微軟宣布將在未來幾年內對 OpenAI 追加數十億美元的投資。在此之前，美國媒體也曾預測投資規模最高可達 100 億美元（約 1 兆 3 千億日圓）[註4]。

〈註3〉　NTT データ先端技術研究所「世界で開発が進む大規模言語モデルとは」。
〈註4〉　日本經濟新聞、2023 年 1 月 24 日。

5 \ 編碼器讀取並理解文章

■ 為什麼 ChatGPT 能理解自然語言？

針對人類根據自然語言所做的詢問或指示，大型語言模型能夠用自然語言顯示回答。因幻覺的緣故，回答的內容有時會在專有名詞或統計資料等方面出現錯誤的回答內容。不過，通常是相當準確的。

人類將過去無法使用的新強大工具拿到手。這無疑會對我們的社會產生重大影響。那麼，大型語言模型為什麼能夠操控自然語言呢？並不是每個人都需要詳細了解其架構原理。然而，大致粗略地知道其架構原理是必要的。

之所以這麼說是因為在判斷大型語言模型可以做什麼和不能做什麼這件事上面，這種程度的了解是不可或缺的。僅僅只是說「因為 大型語言模型 有能力」，並非意味著它會拿走人類所有的工作。正確知道什麼樣的工作只有人類才能做，這對未來的人生規劃來說，具有極為重要的意義。另一方面，由大型語言模型來做可以比人類更準確、更快速完成，這樣的工作將迅速被大型語言模型取代。執著於這樣的工作並不是明智之舉。應該轉向大型語言模型無法從事的工作。為了作出這樣的判斷，就必須具備有關大型語言模型的基本知識。

此外，為了能恰當地使用大型語言模型，所以如上所述的了解也扮演著重要角色。舉例來說，該寫什麼樣的提示指令才能得到準確且相關的答案？即使隨意盲目地使用它，也

不見得能提高工作效率。不是只有這樣。如果相信錯誤的答案而使用它，有時也會造成莫大的損害。因此，有必要準確地認識大型語言模型的局限性。

■ 變換器模型與注意力機制

成為 ChatGPT 等物的基礎是一種稱為「變換器（Transformers）」的機制。所以，為了恰當地使用 ChatGPT 等，必須了解變換器的基本機制。以下將對它解釋。

變換器是自然語言處理任務中的一種神經網路。它於 2017 年由一篇名為《注意力就是你所需要的（Attention Is All You Need）》的論文中首次被提出來（這篇論文揭示在書末的參考文獻中，但難度極高）。BERT 和 GPT 等變換器在各種自然語言處理任務中正發揮出高效能。

傳統的序列建模方法（遞歸神經網路 RNN 及其衍生物 LSTM 和 GRU）為了要按正確順序處理序列（例如，文本），具有一種可以儲存過去的資訊並基於此生成下一個資訊的機制。然而，這些模型在處理長序列之際，有時會遇到困難。

變換器可以使用「注意力機制（attention mechanism）」來解決這個問題。在注意力機制中，模型直接將「注意力」引導到序列中的任何位置。具體來說，變換器一次處理整個輸入序列（例如，整個句子），學習每個單詞與其他所有單詞的關係。藉此可以更準確地捕捉到上下文含義的變化，以及文章中位置相離甚遠的單詞之間的關聯性。

- **通常給的說明都太粗糙了**

　　針對 ChatGPT 等的動作，通常作出的說明是，它「把接在某個單字之後出現機率很高的單字排列出來。」這個說明雖然不能說是完全錯誤，但也太過粗糙了。舉例來說，「在蓋茨堡戰役中」這句話，接在其後面出現機率最高的詞是「林肯總統」，對吧？然而，並非在所有的情況下皆是如此。也會有不少文章是論述著有別於此、完全不同的事情。所以，顯然地，僅僅將出現機率最高的文句串連起來是沒有幫助的。

　　而且，在這樣的理解狀態下，也得不到任何關於如何使用 ChatGPT 的啟發吧。為什麼這麼說是因為，針對「ChatGPT 是如何理解文章的意義」這點，這樣的說明完全讓人摸不著頭緒。正如稍後將說明的，理解文章的任務是由一種稱為「編碼器」的機制執行的，它是變換器的一半，並且是極為重要的東西。了解 ChatGPT 如何做到理解文章的含義，這對將 ChatGPT 用在什麼用途上及寫出什麼樣的提示指令，具有重大意義。

　　尤其是，能做什麼及會做到什麼程度，這判斷極其重要。舉例來說，它能應人類要求寫出廣受喜愛的《羅馬假期》續集嗎？

- **編碼器的目的在於理解文章的含義**

　　變換器由「編碼器」和「解碼器」兩部分所組成。

　　編碼器的工作是理解輸入的資訊。它是將輸入的自然語言轉換為數字並執行之後描述的操作，藉此來理解文字。接

CHAPTER 6 / 大型語言模型的運作原理

著,將該訊息傳遞給解碼器。解碼器接收這些資訊,並對人類下達的指令和問題,生成答案。

該架構原本是為機器翻譯而創造出來的產物。在這種情況下,輸入編碼器的是日語,從解碼器輸出而來的是其他外語的翻譯。在本節中,將對編碼器加以闡述(另外,一般來說,編碼器是一種對資訊或資料進行編碼的機制。解碼器是將編碼器轉換而來的資料轉換為原始資料的機制)。

編碼器首先將輸入文章分割為所謂「符元(Token)」的單位。

符元在許多情況下,相當於單詞。因此,在以下說明中將使用「單詞」這個字眼。例如,在「貓喜歡魚」這句話中,符元為「貓」、「魚」、「喜歡」。

編碼器首先會注意到句子中的幾個單詞,例如「貓」這個詞。然後,將這個單詞與句子中其他所有單詞產生什麼樣的關聯性,以數值化表現出來。

▪ 單詞作成向量來呈現

大型語言模型中,每個單詞都以向量呈現出來。向量在捕捉單詞的意義(語義)的同時,也表達單詞在句子中產生什麼樣的相互關聯(即文章脈絡和關係)。模型可以利用這些向量的呈現,來理解單詞之間的關係,並進行符合文章脈絡的預測。

在變換器模型中,單詞的含義一開始是透過嵌入層(Embedding Layer)以基本的向量表現來呈現。這個基本的

向量表現捕捉了單詞的初步「意義」。

接下來，當給予一個新的文章句子時，將產生出「查詢向量（Query vector）」、「鍵向量（Key vector）」和「值向量（Value vector）」。利用這些來理解單詞之間的關係和文章脈絡。

這些向量不是直接表示特定單詞的「意義」，而是用來表示單詞之間的關係和文章脈絡。因此，單詞的「意義」是由基本向量表示及接續其後之變換器層進一步變換的向量表示的組合來呈現。這個過程在捕捉單詞之間的關係和文章脈絡上非常有效。

- **用「嵌入向量」表示單詞**

在這個過程中，「嵌入向量（Embedding Vector）」的概念扮演著重要的角色。

首先，「向量」是指排成一列的數字。在變換器中，單詞被轉換為固定長度的向量來處理，這稱為「嵌入向量」；也就是說，嵌入向量捕捉了單詞的意義，並以數字形式表示該意義。

單詞無法以本身原貌直接進行數學式的操作。然而，藉由轉換為嵌入向量，就可以在電腦上進行演算。透過向量之間的算術運算，可以顯示詞語之間的關係。例如，「王」－「男」＋「女」＝「女王」，這樣的計算是辦得到的。

嵌入向量是藉由使用大量文本資料進行學習而創建出來的。產生的嵌入向量用作機器學習模型的輸入。以變換器模

型來說,在第一層中,將單詞轉換為嵌入向量,然後在其後續層中利用這個向量進行處理。

■ 查詢、鍵、值的計算很重要

針對每個單詞,會生成所謂「查詢」的向量和所謂「鍵」的向量。當來自一個單詞的查詢與來自另一個單詞的鍵相符時,這意味著第二個單詞對第一個單詞而言把持著有意義的內容。因此,生成了第三個向量「值」,將它與第一個單詞結合,明確揭示第一個單詞在文章脈絡中的含義。假設有個句子是「貓喜歡魚」。編碼器使用查詢、鍵和值的概念來處理這段文章的意思。此處雖是變換器最重要的部分,但要對此有所理解並不容易。

每個單詞的查詢向量都含有要了解該單詞與文句中其他單詞之間具有多大關聯性的資訊。

每個單詞的鍵向量都含有表示那個單詞與其他單詞的查詢向量之間具有多大關聯性的資訊。換句話說,在調查「貓」的查詢與其他單詞的關聯性程度時,該鍵當作「目標」來使用。

「貓」的查詢向量會與文章中其他單詞的鍵向量進行比較。透過這個比較,計算出各單詞之間的關聯性強度。根據這裡計算出來的相關性強度,對每個單詞的價值進行加權。

值代表每個單詞所具有的資訊和內容。最初呈現出以原始向量為基礎的資訊或內容,但經過後續的編碼器處理和注意力機制,轉變而成的向量則具有考慮文章脈絡的資訊。舉

例來說，根據查詢和鍵之間的關聯性，而判斷「魚」這個詞與「貓」有密切的關聯，在這情況下，「魚」的值就成為主要被納入採用者。

藉由把已加權的值向量合成，將生成出與「貓」這個單詞相關的新向量。這個向量反映出原本「貓」的資訊以及在文章脈絡中與其他單詞的關聯性。

像這樣，查詢向量和鍵向量就用來作為計算單詞之間關係和關聯性的工具，來發揮其作用。

▪ 不同的文章對單詞的解釋也會有所不同

舉例來說，假設有這樣一句話：「貓喜歡魚，但對胡蘿蔔不感興趣。」在這種情況下，「貓」的查詢向量顯示出與「魚」的鍵向量有密切關聯，而與「胡蘿蔔」的鍵向量顯示出低關聯性，對吧！

在計算查詢向量和鍵向量的關聯性之後，利用這個關聯性分數來計算值向量。當「貓」的查詢向量與「魚」的鍵向量顯示出密切關聯時，魚的值向量（與魚相關的資訊和屬性）將會對「貓」產生強烈影響。也就是說，與「貓」相關的資訊逐漸變得強烈地包含「魚」的屬性和特性。

另一方面，「貓」的查詢向量與「胡蘿蔔」的鍵向量之間的關聯性如果很低的話，則胡蘿蔔的值向量（與胡蘿蔔相關的資訊和屬性）就變成不太會對「貓」的資訊產生影響。也就是說，與「貓」相關的資訊主要是由「魚」的值向量所形成，而「胡蘿蔔」的影響則是有限的。總而言之就是說，

要理解「貓」這個詞的時候,「魚」這個概念扮演著重要的角色,而「胡蘿蔔」這個概念則不重要。

相對地,若給出的句子是「許多貓對胡蘿蔔不感興趣,但我的貓喜歡胡蘿蔔」,那麼變換器模型就會捕捉到這一特定的文章脈絡,可能對「貓」的查詢向量與「胡蘿蔔」的鍵向量之間的關聯性評價為高度密切吧。

這個過程是為了讓模型能夠理解文章脈絡依存的關係和細微差別,並修正一般知識和先前知識,以便提供適合特定文章脈絡或情況的解釋。這樣一來,模型可以因應文章的脈絡捕捉不同的關係和屬性。

透過以上的過程,編碼器理解「貓喜歡魚」或「許多貓對胡蘿蔔不感興趣,但我的貓喜歡胡蘿蔔」這些文章脈絡中「貓」這個詞的意思,並將其結果輸出為新的向量。

編碼器將這樣計算出來的資訊傳遞給解碼器。解碼器利用這些資訊,回答來自用戶的指示或問題。關於這個機制,將在下一節中加以說明。

6＼解碼器生成輸出確實是非常奇妙的機制

■ 解碼器的角色

　　解碼器是位於變換器之後段的部分。編碼器靠著上一節中描述的機制分析輸入的文章，捕捉其含義，然後將所得資訊提供給解碼器。解碼器扮演的角色是，把從編碼器接收到的資訊作為基底，產生適當的句子或應答。從英語機器翻譯成日語的情況下，解碼器的任務是依序產生適當的日語單詞和句子。

　　解碼器會將自己的輸出依序作為輸入來產生序列。也就是說，在某個步驟中輸出的符元會被添加到下個步驟的輸入中。

■ 解碼器生成答案的過程

　　再詳細說明以上內容，如下所述。首先，系統會分析用戶所提供的提問文本，並將其轉換為適合模型的格式。

　　接下來，該模型從輸入文本中擷取特徵，使用其特徵來理解文章脈絡。擷取出來的特徵被儲存在模型內部。這用作掌握文本的結構和含義及前進到下一步驟的資訊來源。

　　然後，將已經學到的知識體系結合起來，重現答案。在這種情況下，逐步依序創建答案。也就是說，解碼器一個一個地產生符元。這時，一邊考慮先前產生的符元之資訊和整

體文章脈絡,一邊選出機率最高的符元。

解碼器為每個符元分配一個「分數」。此分數表示每個符元作為下一個符元而被生成出來的「適合度」。分數是以解碼器當前的內部狀態和各個符元的特徵向量為基礎計算出來的。

將得到的分數通過歸一化指數函數(Softmax 函數),據此將分數轉換為機率分布〈註5〉。歸一化指數函數將每個符元的分數轉換為零到一之間的機率,並將所有符元的機率總和逐漸調整為一。利用這個機率分布,解碼器在下一步(選擇符元)中選出最合適的符元。重複這個過程,藉此逐漸產生答案文本。

■ 解碼器用機率判斷來決定輸出是自然的事

靠著上一節提到的編碼器對文章所作的理解,其要點有以下兩點。第一點是,單詞(符元)藉由向量(數字集)來表示。此向量表示單詞的意思及其在句子中的位置資訊。

第二點是,注意力機制計算某個單詞與其他單詞的關聯程度。舉例來說,「貓」這個字眼,可能被理解為與「哺乳動物」、「狗」、「寵物」等字眼有密切關聯性。藉此理解整個文章句子的意思。當給予新的文章句子時,原本擁有的單詞之間的關係會被重新修正並更新。藉此,模型能夠靈活地捕捉到單詞在不同文章脈絡中的意義。撇開細節另當別論,

---

〈註5〉 歸一化指數函數是將多個輸出值轉換為值總和為 1 的函數。

但大致上可以理解其架構。

那麼，憑藉解碼器的輸出又是怎麼一回事呢？正如之前所述，單詞是基於機率上的判斷來選擇的。有人對這種方法心存質疑。然而，我認為輸出的選擇不得不依靠機率上的判斷。

■ 讓 ChatGPT 順其自然。它並非全盤考量後才回答的

我無法理解的是，輸出是「按照順序創建起來的」這一點。也就是說，在沒有預見到最終的輸出其整體會是什麼樣子的情況下，就作出回答。決定第一個單詞，然後決定下一個單詞、再決定下下一個單詞，依此類推。並非預見大致上的概況，而是順其自然發展。

即使是人類，也有一些人會條件反射般、滔滔不絕地說話。在沒有預見到整體上會說出什麼話的情況下，就開始說話，順其自然地滔滔不絕說個不停。然後，話一說完，就會完全忘光光。過了一段時間再問同樣的事，卻會滔滔不絕地講出完全不同的內容。

人世間也有與此截然相反的人。當被問到某些事情時，他們會靜默沉思，深思熟慮後才開始說話。換句話說，就是考慮整體答案，形成整體思路之後，才能開始說話。

僅根據前兩段所描述的，像 ChatGPT 這樣的大型語言模型則是屬於前者類型。事實上，從藉由 ChatGPT 而重現答案的過程來看，並不是經過幾番錯誤嘗試後才呈現出最後答案。

相反地，是依照順序將單詞排列開來。而且，它不會被重新審視。

■ ChatGPT 不重新審視答案嗎？

我一向認為，「如果不理解整體，就無法理解部分」。所以，在沒有預見整體的情況下打開話匣子，是有可能的。我對於這樣的說法完全無法理解。因此，我多次向 ChatGPT 確認：「ChatGPT 是否在沒有整體預見的情況下生成答案？」答案是，「ChatGPT 在生成長應答之際並不具整體的預見。」這用「ChatGPT 不具信念」來呈現也可以吧。這裡的問題所在，不是它基於機率判斷作出回答，而是它在不具整體樣貌的情況下順其自然生成出答案。

因此，進一步向 ChatGPT 提問：「人類在寫作過程中有時會再審視檢查，還會重寫一遍已經寫好的文章。語音輸入有時也會把輸出了一次的結果，之後再重新檢查和修正。ChatGPT 不這樣做，不會有問題嗎？」對此，回覆了以下的答案。

「像製作和編輯複雜文件這樣的任務來說，缺乏如人類般的重新審視和修正過程可能會出現問題。這類功能的開發應該當作人工智慧文本生成技術其未來進步的空間，加以檢討。」

▪ ChatGPT 考量文章脈絡

不過，針對這個問題，ChatGPT 也陳述道：「雖然大致內容並非完全事先決定好的，但以下因素會影響輸出的方向和內容。」

第一個因素是預訓練的知識。這些知識被整合在模型內部，成為模型在回答提問和生成文章時的基礎。換句話說，模型會暫時記住一部分過去的輸入和它的回應，並以此為基礎生成下一個句子或短語。

第二個因素是即時的文章脈絡（「文章脈絡」是指「上下文」、「前後關係」等意思）。這是用戶的提問或指示等。這些是模型應該提供什麼樣的資訊或答案的直接指示。

總之，「模型是根據輸入的文章和預訓練的知識，動態地判斷最恰當的輸出，是以機率方式生成該輸出。」因此，也不是在完全沒有事先預見的情況下做出答案。

考慮到這一點就可以看出，「ChatGPT 選擇接續某個單字之後機率最高的單字來創作文章」，這樣一般的說明是極其粗糙和不完整。

▪ 同一問題的不同答案

以上所述的內容也會影響 ChatGPT 的使用方式。以不同的形式提出主旨相似的問題，常常會得到完全不同的答案。甚至有時候，即使問完全相同的問題，也會得到不同的答案。

這是由上述提到的解碼器其輸出機制所引起的現象。也就是說，根據在最初階段中選擇措詞的方式，而導致之後的

回答完全不同。好幾次遇到這樣的回答,因而感到困惑的情況,屢見不鮮。

舉個例子吧!有人提出意見,表示:「要從 ChatGPT 獲取準確的答案,最好先明訂 ChatGPT 的角色。」舉例來說,明訂「你是大企業的管理顧問」這樣的規定。當詢問 ChatGPT「這是否是一個有效的方法」時,最初得到的回答是「這樣的方法沒有意義」。然而,經過一段時間之後,再問同樣的問題時,其回答是「這個方法有效」。

這是與一般所謂的幻覺性質全然不同的問題,因為它並非與事實或統計上的數字等相關的錯誤。話雖如此,但面對截然相反的建議,不知該遵循哪一個才好而不知所措。

▪ 對提示指令寫法的影響

上述的內容也會影響提示指令的寫法。在提示指令的寫法上,區分為「零樣本提示(Zero-Shot Prompting)」和「少樣本提示(Few-shot Prompting)」。後者是示範幾個例題後提出問題或指示;相對於此,前者則是直接提出問題或指示。

考慮到先前看到的解碼器輸出機制,似乎會認為,少樣本提示較能得到符合用戶意圖的答案。為何這麼說是因為,透過示範例題,可以引導答案開頭部分的用詞選擇更接近自己的意圖,如此這般的想法所致。

向 ChatGPT 詢問這點時,得到的回答是「雖然有時會這樣,但不一定是這樣。」

▪ ChatGPT 只使用解碼器

在 ChatGPT 中,上述機制已被更改一部分。在 GPT 系列模型中,只使用解碼器來產生語言。輸入文本(指示語或問題語)直接供應給解碼器,解碼器理解該文本並生成出恰當的回答。這個過程是透過在預訓練和微調階段所進行的大規模學習來實現的。

截至 2021 年 9 月,ChatGPT 正在學習大量文本資料。這個學習過程中不僅單詞的意義,就連句子結構、在文章脈絡中單詞的用法等,這些語言的多方面特徵也被吸收進去。在預訓練階段,模型利用大量文本資料來學習語言模式;在微調階段,為了讓針對特定任務的模型其性能提高,而進行額外的學習。因此,ChatGPT 即便沒有編碼器,也可以理解指令和問題並生成出恰當的回應。

像 GPT 這樣以解碼器為基礎的模型,是一個很容易應用於摘要、對話、翻譯等任務的模型。另外,谷歌的 BERT 僅使用編碼器部分。以編碼器為基礎的模型用於文件分類等任務,這是一般的用法。

提前完成的學習稱為預訓練(pre-training),隨後的再訓練稱為微調(fine-tuning)。為特定任務用而建立模型,在不進行微調的情況下,則要將模型的參數隨機初始化,然後針對該任務用途進行調整。針對這一點,微調是透過使用預訓練後的參數作為模型的初始值,來提高對具體任務的學習效率。

7 \ ChatGPT 讀了多少書？

▪ ChatGPT 博學是因為進行了大量的預訓練

　　ChatGPT 實在是學識淵博[註6]。這是因為 ChatGPT 讀了非常多的文獻。而且不僅閱讀了這些文獻，甚至還（以本章第五節所述那般的人工智慧方式）理解了它們的內容，記住了裡面寫的東西。這個過程稱為「預訓練」。

　　關於進行了多少預訓練，詳細細節尚未公開，但以 2022 年 11 月底公布的生成型預訓練變換模型 3（Generative Pre-trained Transformer 3，簡稱 GPT-3）來看，據說學習了約一兆位元組（TB）的文本資料[註7]。毫無疑問，最新版本的生成型預訓練變換模型 4（GPT-4）學到的資料比這更多。

　　這實際上是一個巨大的數量，即便如此，但一說到「兆位元組」，卻也令人一頭霧水。因此，試著想想看，「若換算成書籍的話，大約是多少」吧！

▪ 讀了人類五千倍的書籍量

　　「位元組」是表示資訊量的單位。一本書的資訊量也可

[註6] 然而，預訓練只進行針對截至 2021 年 9 月的資料，因此關於之後的問題則無法回答。

[註7] 據稱，570 吉位元組（GB）的資料集在對 45 兆位元組（TB）的文字資料進行一些預處理後縮小了範圍，而該系統使用此資料集進行訓練。關於兆位元組和吉位元組，請參閱註 8 和註 9。

以用位元組來表示。通常，一個字平均約為三個位元組。因此，如果每頁有四百個字，一本三百頁的書則約為 360 千位元組（KB）〈註8〉。

一兆位元組大約是這個量的三百萬倍〈註9〉。也就是說，ChatGPT 已經閱讀了大約三百萬本書。另一方面，根據文部科學省的調查，日本人平均一年閱讀書籍的數量為十二、三本。以五十年份來計算，大約是六百本。因此，ChatGPT 的讀書量跟人類比起來，約達五千倍〈註10〉。

■ 與日本國會圖書館的資訊量幾乎相同

日本國會圖書館所擁有的文獻和書籍總數，在 ChatGPT 最後一次訓練的時點（2021 年 9 月）為止，據說有數百萬本。因此，ChatGPT 所讀的文本量可以說達到了國會圖書館的藏書水準。

另外，截至 2021 年 9 月，日語維基百科的大小（僅限文本）據說是數吉位元組（GB）的級別。因此，可以說 ChatGPT 的學習量是這個數百倍。

撇開學術論文不說，對於一般的報導文章來說，如果有維基百科程度的知識量和準確度，應該就足夠了。ChatGPT 的知識量比這個多了數百倍，所以它的知識量對日常使用而

〈註8〉 3x400x300 = 360KB。另外，所謂千位元組（KB）是指 1000 位元組。
〈註9〉 1MB = 10^6B，1GB = 10^9B，1TB = 10^{12}B，所以 $10^{12} \div (23.6 \times 10^5)$ B ≒ 3×10^6 = 300 萬倍。
〈註10〉 300 萬 ÷ 600 = 5000 倍

言可說是綽綽有餘。

▪ 如果問 ChatGPT 的能力極限

　　這樣看來，ChatGPT 比人類更博學。那麼，可以說 ChatGPT 比人類優秀嗎？向 ChatGPT 一詢問此事，就得到如下的回答。首先，以評價基準不同的情況下，在 ChatGPT 與人類的比較上，列舉了幾個要點。

　　第一是資訊量。ChatGPT 學習了大量的文本資料，因此熟知廣泛的主題資訊。然而，準確地說，與其說「熟知」，不如應該說是「基於學習資料，獲得生成出答案的能力」。

　　第二是資訊的深度。專家針對特定領域專業且深入地學習。然而，雖然 ChatGPT 擁有廣泛的資訊，但對特定的專業內容缺乏深入的洞察和專業的判斷。

　　三是理解與應用。人類能夠理解訊息，也能在不同的情況下應用或創造嶄新的想法。然而，ChatGPT 只是基於學習資料生成出回答，並不具備真正的「理解」和「創造力」。

　　第四是情感和體驗。人類的判斷和行動大都是基於情感和過去的經驗來進行。這既是人類的優勢，也是人類的弱點。ChatGPT 因不具情感和經驗，所以無法作出情感上的判斷和同理心。

　　第五是錯誤及更正。人類有時會犯錯，且具有從錯誤中學習的能力，也具有能修正自己想法的能力。相對而言，ChatGPT 無法「辨認」自己的回答是錯誤的，也無法「重新學習」。

如上所述，ChatGPT 和人類各有不同的優勢和弱點。ChatGPT 在提供資訊和迅速生成回答上表現優異，但它卻無法模仿人類所擁有的深刻理解、情感、經驗和創造力等元素。因此，所謂的「優異」可以說是根據目的和情況而有所不同。以上是 ChatGPT 的回答。

■ 真正會創造性工作的是人類

ChatGPT 不會創造。即使是人類，也不是所有人都會創造，但還是有人能作出出色的創造。然而，人工智慧不會創造。這點非常重要。寫作也是如此。我認為 ChatGPT 寫出的文章並非滿分。這是因為學到的文章並非滿分。想想以上所述，或許可以說：向 ChatGPT 要求小說或電影的續集情節，是強人所難的。

當然，只要要求就會生出結果。然而，這只不過是把原作品的某些地方稍作更改而成的東西，根本是一點也不好看的作品。無法想像它會大受歡迎之類的情事。如果想創作新的作品或劇本，人類首先必須思考大綱。接著，必須考慮每一個細節。沒辦法把一切都交給 ChatGPT 來做。

不是只有小說或電影的情節。物理學的新理論、數學的新定律也是如此。ChatGPT 或許能稍微改變一下已存在的事物內容也說不定，但它不可能會創造出全新的作品。

誠如彭加勒（Henri Poincaré）在《科學與方法》一書中所說的，創造性的活動只有人類才辦得到。因無法把它託付給機器去做。

CHAPTER 6 / 大型語言模型的運作原理

▪ 人工智慧沒有情感

再者，人工智慧沒有悲傷、快樂或有趣等情緒。所以，無法真正站在遭受不幸之人的立場上去安慰他們。此外，不能為彼此的喜悅感到高興，也無法覺得有趣。雖然有時看起來它似乎辦得到，但那只不過是錯覺。

與此相關，刊登在《時代（TIME）》雜誌上、某位美國老師的以下評論，一直縈繞在我的腦海中。

「我參加了以前學生的婚禮和迎嬰聚會（Baby Shower）。」

「我擁抱了學生們。還與學生們擊掌。我和學生們一起哭泣。電腦絕不會做這樣的事情。永遠不會，永遠不會（Acomputer will never do that. Ever, ever）」[註11]。

第六章總結

1. 為了學習 ChatGPT 的運作原理，而閱讀了說明書。儘管如此，但裡面沒有寫出自己想知道的內容，也看不懂其所寫的說明。然而，如果把 ChatGPT 當作家庭教師，就可以針對想知道的事情提問，問到能理解為止。

[註11] "The Creative Ways Teachers Are Using ChatGPT in the Classroom," *Time*, August 8, 2023.

2. 深度學習是機器學習的一種，它使用神經網路。包括監督式、非監督式等各種方法。藉由深度學習，人工智慧的能力顯著進化了。
3. 深度學習方法有很多種，包括監督式和非監督式。GPT 是靠著「自監督學習模型」的深度學習來訓練。
4. 大型語言模型是在「生成式人工智慧」中，進行「自然語言處理」的東西。它能從大量的文本資料中學習模式，產生出新的文本，並進行翻譯、摘要等。
5. 驅動 ChatGPT 的是「變換器」，它是大型語言模型的一種。組成變換器的主要元件是「編碼器」，它透過將單詞用向量來表示，藉此理解文章的含義。
6. 在 ChatGPT 等大型語言模型中，輸出是基於機率判斷而產生出來的。在這個過程中，不可思議的是，在事先沒有預見整體會變什麼樣的情況下，單詞是逐步生成出來的。
7. ChatGPT 預訓練好的文件數量，與日本國會圖書館的藏書總數（數百萬冊）不相上下。也就是說，遠遠超過一般人的閱讀量。但是，並不能說「因此它優於人類」。ChatGPT 與人類的能力進行比較並不是一件簡單容易的事。

大失業、大轉行時代

CHAPTER

7

1 \ ChatGPT 可以自動化哪些工作？

▪ 人工智慧造成失業已經成為現實

當企業引進生成式人工智慧時，生產力會提高，但與此同時，失業問題也會發生。這在美國已經成為一個實際的問題。在 2023 年 1 月至 8 月期間，美國企業以人工智慧為由，裁員約四千人。這規模略低於整體人數的 1%〈註1〉。

美國電信巨頭「T-Mobile 美國」已決定暫時裁掉全體員工的 7%。裁員的對象是會計、人力資源等後臺職務的人員。雲端儲存公司 Dropbox 宣布將裁員五百人，占員工總數的 16%。其對象為編寫程式等工作人員。

IBM 首席執行長阿溫德‧克里希納（Arvind Krishna）表示，「涉及簡單、重複性作業的後臺工作，大約有三成將會在未來五年內消失。」然而，這並非減少人員僱用，而是以重新部署員工來因應。該企業已經為全球二十八萬名員工提供了生成式人工智慧培訓。

此外，人工智慧不僅限於取代簡單、重複性的後臺工作。這不僅僅是第二章提及的退貨作業之類的後臺工作。正如在第二章第二節中所看到的，一般認為生成式人工智慧在企業中的使用就連行銷方面也將有所進展。在這個領域，失業問

〈註1〉「『AI 失業』米国で現実に 1～8月4000人、テックや通信」日本経済新聞、2023 年 9 月 24 日。

題已經成為現實（見第四章第四節）。

賽富時（Salesforce）總裁兼運營長布萊恩・米爾漢（Brian Milham）表示，企業利用生成式人工智慧來削減人力，這可能會對其品牌產生負面影響。接著，他也建議，減少簡單的雜務，應多安排附加價值高的工作〈註2〉。確實希望這樣的事情發生。然而，要實現這一點，需要各式各樣的條件。在日本，也有發生類似的情況，儘管程度不同〈註3〉。

許多人焦急地問：「我沒問題嗎？」在此背景下，與ChatGPT相關的經濟調查和分析迅速增加。

核心主題是，「ChatGPT將會對什麼樣的工作，帶來什麼樣的影響，剝奪什麼樣的職務？」

本章將詳細研討這個問題。

■ 受影響的是電話推銷員和大學教師

首先分析ChatGPT對人類工作影響的論文是普林斯頓大學費爾頓（Feltenet）等人的研究〈註4〉。他們企圖確定最有可能受到ChatGPT等大型語言模型影響的職業。他們所使用的是一種名為「人工智慧職業暴露（AI Occupational Exposure）」的指標。利用這一點，企圖找出受大型語言模

〈註2〉 「Salesforce社長『AIで人員削減、ブランドに悪影響』」日本經濟新聞、2023年9月22日。
〈註3〉 「フリーライター、買いたたき懸念」朝日新聞、2023年8月21日。
〈註4〉 Edward W. Felten et. al., "How will Language Modelers like ChatGPT Affect Occupations and Industries?", 18 March 2023.

型影響最大的職業是哪些。

從分析的結果得知：主要受影響的職業有電話推銷員和英語、外語、歷史等學科的大學教師。其他還包含許多與教育相關的職業，這顯示出教育領域的工作比起其他職業，還更有可能會因大型語言模型的進步而受到重大影響。

另一方面，據說，從事體力勞動比重高的職業之人，如磚瓦泥水匠、舞者和紡織工人，不必擔心 ChatGPT 有可能會出現在工作場所。

影響程度的清單中排名最高的工作類別是「電話推銷員」（所謂電話推銷員是在辦公室內進行銷售活動的工作。他們透過電話、電子郵件和視訊會議進行銷售活動）。電話推銷人員可以利用大型語言模型來補足工作的欠缺。例如，客戶的反應會即時傳達給大型語言模型，相關的客戶特定資訊會快速發送給電話推銷人員。此外，人工電話推銷員將會被使用大型語言模型的機器人所取代。在第四章第四節中，討論了文案撰寫人的失業問題。這不是特例，而是在美國逐漸擴散開來的現象。

按行業劃分，「證券和其他金融投資及相關活動」是受影響最大的行業。此外，法律服務、經紀及保險相關活動也是列入受到強大影響的行業。

▪ 大約八成勞動力在一成工作中受到影響

第二項研究是 OpenAI 和賓州大學的研究人員在 2023 年

3月17日發表的論文〈註5〉。根據這篇論文，美國大約80％的勞動力因大型語言模型的引進，有可能在至少10％的工作中受到影響，大約19％的勞工有可能在至少50％的工作中受到影響。

這是一篇非常難懂的論文。「曝光（Exposure）」被定義為「將完成工作所需的時間減少至少50％的驅動力」。科學和批判性思考的技能，與曝光程度呈現強烈負相關。換句話說，需要這些技能的職業難以受到大型語言模型的影響。

相反地，程式設計和寫作的技能，與曝光程度呈現強烈的正相關。換句話說，與這些技能相關的職業可能會受到大型語言模型的影響（詳細結果見論文中的圖表5）。

■ 進入門檻高、薪資高的職業將受到影響

論文中表示，大型語言模型對職業的影響根據工作準備的難易度緩緩增加。換句話說，勞工所面對的進入門檻高的工作，受大型語言模型的影響大。若進入的門檻低，則工作受到的影響小。

如果將進入門檻從一（低）到五（高）依程度分級的話，漁民、咖啡師（在咖啡館和酒吧工作的人）和洗碗工屬於第一級，軟體工程師、編舞老師、口譯員和筆譯員屬於第四級，針灸師、麻醉師和基金經理屬於第五級。進入門檻的程度分

〈註5〉 Tyna Eloundou et. al., "GPTs are GPTs: An Early Look at the Labor Market Impact Potential of Large Language Models," 17 March 2023.

級從一到四，隨著等級的提升，大型語言模型的影響力也變大。相對地，屬於最高等級五的工作，受到的影響有比等級四還低的傾向。

　　評估其與就業上所需的普遍教育程度的關係，就業者的平均教育程度（如學士、碩士、專業技職學位等）越高，影響越大。高薪職業通常有很多工作任務受到影響。這結果與機器學習整體影響上類似的評估形成鮮明的對比。高薪職業更有可能受到 ChatGPT 及其他產品等的大型語言模型快速發展的影響。

■ 使用資料進行實證分析和研討對策也是必要的

　　上述兩篇論文的共同點在於，得出的結論都是高度腦力工作受到大型語言模型的影響很大。

　　儘管這些論文沒有提到失業，但在受到影響的工作上，如果不活用大型語言模式，就無法生存下去吧。即使活用了它，但如果其他人比你更好好地利用它，你就有可能會失業。再者，即使你充分好好地利用它，結果可能被大型語言模式奪走你的工作也說不定。這是個突發問題，實際情況會變得如何，目前還無法清楚掌握到。

　　再者，對於這樣的情況必須如何處理，儘管也是一個重要的課題，但現在並沒有明確的處理方案。由於這般極其嚴重的問題發生得太迅速突然，以至於目前世界不知如何應對。

2＼如果生成式人工智慧在日本全面實施，失業率有可能達到25％

▪ 三分之二的勞工面臨生成式人工智慧引發的自動化，25～50％的業務被人工智慧所取代

透過像 ChatGPT 這樣的生成式人工智慧，可以把人類的工作自動化到什麼程度？接著，人們的職務會發生什麼變化？本節將介紹美國主要投資銀行高盛於 2023 年 3 月 26 日發布關於此問題的研究報告。（Goldman Sachs, The Potentially Large Effects of Artificial Intelligence on Economic Growth〈Briggs/Kodnani〉, 26 March 2023）。

根據這項研究，美國大約三分之二的現有職業將面臨到人工智慧所帶來的自動化。在受影響的職業中，25 至 50％的業務有可能被人工智慧取代。在整個美國經濟中，25％的工作將被人工智慧取代。這個估計結果很重要。因此，雖然表格較長，但圖表 7-1 顯示了以美國為例的估算結果。

▪ 在行政暨管理職和法務工作上大約 45％的業務可以自動化

位於圖表 7-1 最上層的行政暨管理職是最容易受到影響的職業，其 46％的業務將成為自動化（用英文來說，即「Office and Administrative Support」。把這想成是白領階級的工作也

> 圖表 7-1

透過生成式人工智慧之自動化比例（美國的情況）

業務	自動化比率（%）
事務暨管理職	46
法務	44
建築、工程技術	37
生物、物理、社會科學	36
金融業務	35
地域暨社會服務	33
經營管理	32
銷售	31
電腦、數學	29
農林漁業	28
國防防禦服務	28
衛生保健	28
教育、圖書館	27
醫療保健支援	26
藝術、設計	26
個人護理	19
飲食服務	12
運輸	11
生產	9
開採	6
維持修補	4
清掃	1
產業平均	25

資料來源：根據 Goldman Sachs, The Potentially Large Effects of Artificial Intelligence on Economic Growth（Briggs/Kodnani）, 26 March 2023 製作而成。

可以)。另一方面,需要體力勞動的職業不容易受到影響。大約 63％的勞工只有不到一半的工作量實現自動化。

圖表 7-1 中的數字是可以理解的。生成式人工智慧對支援辦公室工作和法務工作帶來重大影響,這點屢屢被指出來。有關其可能性,在本書前面的章節中已經論述了。此外,在運輸、生產、採礦、維護、修理、清掃等方面自動化的機率低,也是可以理解的。生成式人工智慧對這些類型的工作影響不大,這點也經常受人提起。還不如說或許應該驚訝的是,對餐飲服務、運輸、生產的影響也在 10％左右[註6]。

這份報告也針對歐洲進行了估計,其中,行政暨管理職位是最容易受到影響,45％的業務有可能成為自動化。另外,與其他類似的估計相比,這個估計是相當保守的(相對低估了影響)。

▪ 白領階級會有一半失業嗎?

如圖表 7-1 所示,白領階級的工作約有一半可以自動化。有多少白領員工將因此而失業呢?

思考一下各種可能性。一種可能性是解僱。為簡單起見,假設有一家公司僱用了一百名員工,每人做一個單位的工作。整個公司正在做一百個單位的工作。假設五十個單位的工作

[註6] 然而,也有出乎意料的結果。最令人出乎意料的是教育。我認為這是受影響最嚴重的工作之一,所以覺得這份報告中的估計值出奇的低。此外,電腦和數學比我所想的還要低。不可思議的是,它們比生物學、物理學和社會科學還要低得多。我想金融業務與法務差不多同高。醫療保健、藝術和設計也都低於我的預期。

可以自動化。因此,員工數量從一百人減少到五十人,五十名員工每人執行一個單位的工作來完成五十個單位的工作。同時,人工智慧將處理五十個單位的工作。如此一來,整體的工作量可以確保和以往的工作量一樣,而且工資總支付減成一半。於是,公司所需的勞動力將從一百人減少到五十人。換句話說,將有五十人失業。

從整個經濟來看,有可能自動化的勞動力如圖表 7-1 所示是 25%,所以 25% 的人會失業。如果真的出現這種情況,社會就會陷入混亂吧。

▪ 實際上失業的勞工比例不是 25%,而是控制在 7% 左右

然而,報告聲稱這種情況不太可能發生。首先,大多數職業和產業僅部分受到自動化的影響,因此可以靠人工智慧來補充完成(拜人工智慧所賜,生產力提高)的可能性很高,被取代的情形(因人工智慧而失去工作)很少。

在這分析中,假設 50% 具重要性和複雜性的工作都「暴露」在自動化中,那麼這些職業極有可能被人工智慧所取代。

相比之下,具有 10 至 49% 暴露的職業很有可能得到補充,而暴露為 0 至 9% 的職業則不易有受到影響。基於上述的假設,得出的結論是,現在美國 7% 的僱用被人工智慧取代,63% 受惠於人工智慧而補充完成工作,30% 則不會受到影響。

大多數勞工從事的職業是部分暴露在人工智慧的自動化之中,因此認為在引進人工智慧後,釋放出來的一部分能力

將用於其他生產活動上。即使自動化成為可能，僱用沒有減少的情況下，花在以往工作上的時間會減少一半。然後，利用騰出的勞動時間去做嶄新的、更有創造性的工作。因為這樣的事是有可能發生的，所以失業人數可以如上所述控制在7%左右。

進而預估，許多因人工智慧帶來的自動化而失業的勞工，最終會再度就職，以新的職別受到僱用，藉此使整體產量增加。新的職別，要嘛與人工智慧的引進有直接關聯，要嘛就是非解僱勞工的生產力提高因而導致密集型勞動力的需求增加，新的職別就是為了因應這情況而誕生的產物。這樣一來，失業的勞工就能夠找到新的工作。因此，失業率不但沒有提高，而且經濟的生產力還向上提升了。

在這些假設下，生成式人工智慧的廣泛採用有可能讓整體勞動生產力的成長提升。這與電動機和個人電腦這類先驅變革性技術的出現而產生的狀況，具有相同的規模。本章開頭介紹的賽富時總裁布萊恩所希望的正是這樣的光景。

■ 最必要的經濟政策是確保勞動力的流動性

當然希望結果如上一節介紹的那樣。然而，情況未必會是如此。要達成那樣，是有條件的。最重要的是，經營管理者不要解僱員工，而是為他們提供嶄新的、有創意性的工作。

再來是失業勞工能夠找到新工作。為了實現這點，勞動力市場需要靈活的機制。但日本能做到嗎？在日本，企業之間的勞動力流動本來就是不足的。進而，政策大多會支援這

一點。新冠肺炎大流行期間的就業調整補貼就是一個典型的例子。再來是，高額的資遣費制度進一步降低了企業之間的流動性。面臨此類問題的日本能否因應生成式人工智慧引發的大規模勞動力流動呢？如果無法因應，可能會變成失業率達到25％的狀況。

又或者，難道不會變成「為了避免這種情況發生，而不採用生成式人工智慧」的狀況？關於生成式人工智慧，日本最必須要做的是促進企業之間的勞動力流動。

另外，高盛的一份報告指出，人工智慧帶來的自動化其影響程度，按國家別來推估，日本是世界上受到高度影響第三名的國家。有關日本的人工智慧帶來的自動化比率，從整個經濟的平均來看，其數字高於美國的25％。從這意義上來說，這份報告可以看作是對日本的警告。日本政府必須清楚地意識到這種事態。

3 \ 知識工作者是最大受害者

▪ 把占用員工時間 60 ～ 70%的作業活動自動化

麥肯錫2023年6月14日發布的報告《生成式人工智慧的潛在經濟效益：生產力的下一個拓荒疆域》中，關於各產業附加價值的增加可能性，已在第二章第二節介紹了。以下是該報告中關於工作自動化可能性的分析。

該報告抽出來自四十七個國家的八百五十種職業（相當於全球勞動力的百分之八十），針對構成各個職業的二千一百多項職場作業，調查生成式人工智慧有多大程度可以取代它們或將其自動化，並將它依照各職業上的時間構成比和人數構成比彙總計算。

幾年前，麥肯錫估計全球大約一半的工作時間可以自動化。在這份報告中，將這個數字提高到60至70%。技術自動化的可行性在加速中是由於生成式人工智慧的能力提高。

先前的調查中預測，2027年將可能是人工智慧技術在涉及「自然語言理解（NLU）」的工作中能夠與人類典型表現相提並論的第一年。現在看來，它將於2023年就會發生。員工有可能被調配到不同的工作，或者可能失業。該報告指出，「必須協助勞工以便學習新技能」，同時也預測「有一部分的人可能不得不換工作」。

▪ 將高學歷者的工作自動化

以往指出，自動化技術的部署往往對技能程度最低工人的影響最大。然而，生成式人工智慧的模式正好與其相反。換句話說，教育水準高的勞工其活動最有可能受到影響。舉例來說，對於擁有碩士或博士學位的人來說，工作中可以實現自動化的比例，在沒有生成式人工智慧的情況下僅為28％，但在有生成式人工智慧的情況下，則上升到57％。相較之下，對於只擁有高中文憑的人來說，這個比例分別為51％和64％。也就是說，擁有碩士或博士學位的人會受到生成式人工智慧的影響甚大。

因此，知識型勞工的工作將會出現嚴重的混亂。報告指出，多年來為取得學位所做的努力可能會付諸東流。彭博社於2023年6月15日的一篇報導，以「人工智慧熱潮最大的受害者是知識型員工」為標題介紹了這份報告。

▪ 經濟擴張規模比英國國內生產毛額還大

生成式人工智慧的引進有可能提高生產力，並為全球經濟帶來數兆美元的價值。根據麥肯錫的報告，生成式人工智慧每年可能會為全球經濟增加6.4兆至4.63兆美元。這比英國2021年的國內生產毛額（3.1兆美元）還大。如此一來，世界將會大大改變。

那麼日本會如何呢？如上述所示，超過57％的業務有可能自動化。然而，為了實現這目標，業務已經能標準化，而且也非數位化不可。然而，在日本的銷售部門，資訊至今仍

然以個人方式進行管理,數位化沒有進展。在這種情況下,就無法引進生成式人工智慧。如果再這樣下去,日本就有危險會遠遠落後於全球趨勢。

▪ 一半的高度腦力工作可自動化

生成式人工智慧能將工作自動化到多大程度?在本章節中將介紹有關這個問題的調查和分析。

第一個是普林斯頓大學費爾頓等人的分析。第二個是來自 ChatGPT 的開發者 OpenAI 和賓州大學的研究人員所做的(以下簡稱 O-P)。第三個是美國投資銀行高盛(以下簡稱 G-S)所做的。第四個是出自顧問公司麥肯錫(以下簡稱 MK)之手。綜上所述,對於大型語言模型帶給人們工作的影響有多大,它們的分析得出了以下的結論(附帶一提,這些主要是以美國的情況所做出來的東西)。

首先,費爾頓等人指出,腦力知識型勞工會受到影響,但體力勞動型勞工則不然。O-P 表示,大約 80％的員工至少有 10％的工作可能會受到影響。接著指出,約 19％的勞工至少有 50％的工作可能會受到影響。結果,從整體經濟來看,約有 17.5％（＝ 80×0.1 ＋ 19×0.5）的工作將受到影響。所有薪資水準的職別都會受到影響,但高所得的職別可能受影響更大。換句話說,就是高度腦力知識型勞動會面臨到大約一半的工作可以自動化的情況。

G-S 估計,大約三分之二的工作將面臨人工智慧所帶來的自動化。在受影響的工作中,25 至 50％的業務有可能被人

工智慧取代。如果比照 O-P 的情況進行相同的計算，就變為其所說的整體經濟中的 17 至 33％。這比上述所見到的 O-P 估計值來得高。此外，46％的行政暨管理支援職和 44％的法務職工作有可能自動化。如果將這些工作解釋為「高度腦力知識型勞動」，那麼與 O-P 的結論相同，即「大約一半的高度腦力知識勞動是有可能自動化的」。

MK 表示，整體經濟平均約 25％將受到影響。這數字高於 O-P，但低於 G-S 的最大值。在「銷售暨客服」部門中，57％的業務有可能自動化。行政暨管理支援職是 46％，法務職是 44％。這結果，與 O-P 的結論「大約一半的高度腦力知識勞動工作是有可能自動化的」是一致的程度。

總結以上內容，可以概略地說，整體至少二成的勞動力將被生成式人工智慧所取代。如果工作真的被取代而失業的話，失業率將在 20％左右。這是出奇的巨大影響。而對於高度腦力知識型勞動工作，失業率將達到 50％。這只能用「破壞性」來形容。在日本，人們還沒有意識到大型語言模式的影響力是如此這般強大。

■ 也出現「例行性工作上失業、高技能工作上新增僱用」的分析

關於這個主題已經發表了相當多的論文。在谷歌學術（Google Scholar）上搜尋「artificial intelligence impact on wages and unemployment（人工智慧對工資和失業的影響）」，就會得到大量論文。

CHAPTER 7 / 大失業、大轉行時代

其中也有文獻指出與上述所見不同的傾向。阿里・薩瑞洪納瓦（Ali Zarifhonarvar）的《人工智慧的職業影響（Occupational Impact of Artificial Intelligence）》（2023年2月，最後修訂日期：2023年4月12日），就是其中之一篇，我就來介紹一下吧！

這篇論文列出了最容易受到ChatGPT影響的職業之綜合清單。接下來，文中得出的結論是，生成式人工智慧對勞動市場的正面和負面影響都相當大。

特別是，它會導致執行例行性工作的勞工遭到替換。這有可能連帶造成失業、工資下降和收入差距擴大。相反地，文中指出，人工智慧有可能在高技能職業中創造新的僱用，並促進生產力和經濟成長。

人工智慧對勞動市場的影響，與失業勞工和可替換的工作之間，其技能不匹配有直接關聯。對於無法學習新技能以轉換到其他職業的勞工而言，這種不匹配有可能導致他們長期失業。

32.8％的職業可能完全受到影響，36.5％的職業有可能部分受到影響，30.7％的職業則有可能不會受到影響。對完全受到影響的36.5％職業而言，影響有可能特別顯著且具有破壞性。另一方面，對於不受影響的30.7％的職業來說，勞工能夠像過去一樣繼續工作吧。36.5％可能受到部分影響的職業，其工作流程和職責可能會發生一些變化。最終，該研究強調，政府、企業和勞工必須採取積極主動的措施，以冀求人工智慧對勞動力市場的影響作好準備、廣泛分享人工智慧的好處、勞工能夠因應需求轉換到新的角色。

4＼ChatGPT 是勞工的朋友，還是敵人？

▪ 生成式人工智慧對低技能勞工有利嗎？

生成式人工智慧是一項新興技術，實際上尚未被廣泛應用。因此，對於以僱用為首的經濟活動會產生什麼樣的影響呢？關於這點存在著各種可能性，難以預測。也有人認為這對勞工有利。牛津大學卡爾‧弗雷（Carl Frey）教授的想法就是其中之一〈註7〉。

生成式人工智慧應對人類的指令和提問而生成文章。因此，飛躍提升與文書相關的各種工作之效率。特別是在翻譯、摘要、校對等方面發揮了驚人的能力。此外，還可以根據情況的改變，自動重寫標準文章。

因此，從事這些工作的人們，其生產力會提高。「工資會隨之上漲吧！」有這種想法實屬自然。然而，這個想法上必須有一個重要的假設存在。那就是，對於文書工作上所製作出來的文件，其需求會隨著生產力的提高而增加。

但是，並不保證這真的會發生。事實上，根據本章第三節介紹的阿里‧薩瑞洪納瓦之分析，生成式人工智慧雖然為高度知識型勞工創造嶄新的工作，但對單純簡單的勞動帶來負面的影響。尤其問題在於，對於製作出來的文件其需求可

〈註7〉 卡爾‧弗雷（Carl Frey）「低スキル労働者こそ恩恵　生成 AI と経済社会」日本経済新聞、2023 年 7 月 20 日。

能不會增加,這種情況有時會出現。在這種情況下,對員工來說的條件有時會惡化。這在本章第二節已經說明了,但若要說得再詳細一點的話,則如下所述。

■ 問題是總需求量是否會增加

舉例來說,假設有兩名員工,每名員工工作一小時,總共產生二 n 則文章。然後,假設每個人的工資為二 an。在此,a 是文章數量與工資的比率。假設因生成式人工智慧的引進,使效率提高一倍,一個人若工作一小時,就能產出二 n 則文章。

如果文章的總需求量增加到四 n,則每個人工作一小時產出 2n 則文章,每小時的收入(工資)將增加到 2an(假設 a 的值保持不變)〈註8〉。

但是,如果文字的總需求量仍然是 2n,則公司解僱一名員工,只用剩餘的一名員工就可以產出 2n 量的文章。在這情況下,未被解僱的員工其薪水增加到 2an,但被解僱的員工其收入為零。

如果兩個人的生產力不完全相同,有細微差別的話,那麼生產力低的員工就可能會被解僱。也就是說,對低技能員工造成不利。這種情況發生的可能性被認為相當高。總而言之,能夠善用生成式人工智慧的人將會提高生產力,並且獲

〈註8〉 這是因為生成式人工智慧被認為是「勞動力增強型技術進步(labor-augmenting technological progress)」的緣故,細節則省略。

得比以往更高的工資。接下來，驅逐那些無法善用的人，變成自己獨占工作。當然，這情況是可以應對處理的。持續僱用兩名員工，讓他們都工作三十分鐘。在這種情況下，每個人的工資條件（每小時的收入）皆沒有改變（但是，他們的收入變成一半）。

如果生產力提高，需求就會相應增加，伴隨而來產量增加。若以此為前提的話，所有員工將會受惠。然而，需求實際上是如何，尚不可知（弗雷指出，需求是否增加是重要的條件）。以日本目前的狀況來看，需求不增加是完全有可能的。

▪ 行政工作人手過剩，人手不足的建築和護理行業受到生成式人工智慧的影響小

針對生產力的提高，在判斷需求是否增加上，可參考職缺量與求職人數比率。從最近的數據來看，一般庶務行政辦公人員有效職缺率為 0.34〈註9〉。也就是說，關於行政文書上的工作，人員過剩。這是因為生成式人工智慧讓這類工作的生產力提高的緣故。因此，若根據如上所述的機制來看，則對從事這類相關工作的員工而言，極有可能會帶來不利的處境。

在當今的日本，勞力短缺尤為明顯的工作領域如下：
- 建築和採礦工人（有效職缺率為 5.32）

〈註9〉 厚生労働省「一般職業紹介狀況」2023 年 9 月。

CHAPTER 7 / 大失業、大轉行時代

・護理服務專業人員（同比率為 3.9）

有時人工智慧也可以在這些領域上發揮重要的作用。例如，在看護上的護理機器人在促進節省勞力方面發揮著重要的作用。然而，這與文件製作無關，文件製作是透過生成式人工智慧發揮的作用。

■ 員工在職別之間和行業之間流動是必要的

上述是假設員工不會在公司之間或職別之間流動為前提來進行思考的。實際上，人才流動是有可能的。據此，產生以下的變化。在勞力短缺不太嚴重的領域（例如行政文書工作），靠著生成式人工智慧提高了行政文書工作的效率，這結果導致員工數量變得過剩，因而轉移、流動到勞力短缺嚴重的領域。據此，整體經濟上的勞力短缺應該可以得到緩解。

在此重要的是勞動力在職別之間和行業之間的流動。日本也一直在進行職別之間和行業之間的勞動力流動。例如，從農業轉換到製造業，或關閉煤礦等。但這花了相當長的時間實行。然而，生成式人工智慧引起的變化可能會是迅速發生。因此，它有可能帶來社會上嚴重的混亂。

進而，正如下一節所述的，1950 年代和 1960 年代日本實行的行業間勞動力流動，是發生在整體經濟規模擴大的情況下。因此，隨著調整而來的成本相對較低。然而，日本現在面臨低成長的問題。在這種情況下進行調整是極其困難的。

現在需要的是建立一個讓這種流動容易實行的經濟和社會體系。然而實際上，大多數的政策提供的支持是，讓人們

能夠繼續從事以往的工作。結果造成職業之間的流動性受到阻礙。疫情期間採取的就業調整補貼就是一個典型的例子。擺脫這樣的政策是必要的。

此外，為了找到新工作，新的技能是不可或缺的，為此，重新訓練技能非常重要。常聽到人說這樣的話。然而，所需要的並非僅限於使用生成式人工智慧這樣的新技術本身（例如，提示的建立方法）。如果要從事不同於以往的工作，就需要相應地重新學習技能。

■ 我親眼目睹到 20 世紀 60 年代的大規模自動化

1960 年代後半的日本，大規模自動化有所進展。剛好是我踏入社會開始工作的時候，因此親眼目睹了這種變化。在那之前，政府機關的所有電梯均由人工操作，但後來就變成自動電梯。每個局都有一個打字室，裡面並列了許多臺日文打字機。打字員不停地在打字。當時所有的會議資料都是在這裡打出來的。然而，隨著影印機的引進，變得不再需要打字（但這是在全錄（Xerox）出現之前，使用的影印機類型是濕式影印機）。

結果，許多人（其中大多數是女性）被迫離開以往的工作。然而，他們並沒失業，而是變到一般的行政事務職。同樣的事情在任何一家日本公司都發生了吧。這種事有可能發生，是因為日本經濟正在成長，並隨之增加了新工作機會的緣故。

當時的日本也面臨煤礦關閉的問題。由於這情況下必須

CHAPTER 7 / 大失業、大轉行時代

經歷失業和重新就業的過程,所以並非易事,儘管如此,卻能夠沒造成社會大混亂的情況下實現工作的轉換。這也是拜日本經濟高度成長所賜。也就是說,由於整個經濟都在成長,因此能夠實現將勞力大規模地重新配置,這樣的重新配置進而又提高經濟成長,如此這般的良性循環得以實現。

5 \ 因應生成式人工智慧改變工作方式的人會活下來

■ 第三次工業革命將是腦力工作受到影響，而非體力工作

　　生成式人工智慧帶來的變革，是一種堪稱第三次工業革命的情況。第一次工業革命的發生在於18世紀蒸汽機的出現，第二次工業革命的出現在於19世紀電力的使用。人們常說，隨之而來將發生第三次工業革命、第四次工業革命。但是，當查看其所說的內容時，它是無法與第一個、第二個作比較的。很多情況只不過是想使用聳人聽聞的言詞來吸引人們的目光。然而，現在正在發生的事情確實是一場工業革命。

　　有些人認為這比之前的變化更大。誠如第八章第一節所介紹的，有些人將其視為「奇點（技術奇點）」。的確誠如所說的那般巨大的變化。

　　第一次和第二次工業革命都對人類的工作方式帶來了重大影響。將一直以來由人類來做的事情改由機器來執行，這樣的變化大規模展開。而生成式人工智慧帶來的變化則截然不同。生成式人工智慧因提高寫作方面的工作效率，所以是對腦力勞動帶來影響。

　　受影響的不是單純的勞動，而是腦力勞動，這點是與過去的最大差異所在。隨著生成式人工智慧的引進，可能會發生各種變化，但單純的勞動，尤其是體力勞動，不太會受到

巨大影響吧（但是，若看看人工智慧帶來的廣泛影響時，就會發現，因自動駕駛技術的實現而淘汰駕駛員，這樣的變化將發生吧。這是透過影像辨識人工智慧帶來的產物）。

■ 工作是否會被生成式人工智慧取代取決於提示指令有多重要

生成式人工智慧根據人類指令產生文章。因此，與此相關的人會直接受到影響。具體來說，這包括作者、譯者、作家、校對員和編輯等。

這些作業中哪些工作會受到什麼樣的影響取決於提示指令的重要性。換句話說，如果透過簡單的提示指令足以讓每個人都得到滿意的結果，那麼這些工作就有可能會被生成式人工智慧所取代。

舉例來說，如果是行政上的文件翻譯，只要「請將以下句子翻譯成日文」這樣的簡單指令就足夠了。據此就能得到近乎完美的翻譯。不太有依指示而改變結果的情況（當然，因為文章中存在著細微差別的問題，因此翻譯文學作品並不那麼容易）。文章摘要也是如此。透過「請將以下的文章摘要成幾個字」的指令，可以得到準確的結果。這些作業將從人類轉移到人工智慧。

相較之下，寫論文和寫書的工作就沒那麼容易。舉例來說，即使下指令「請針對日本的工資寫出一千字左右的分析文章」，但也得不到令人滿意的結果。像這樣簡單的提示指令是不行的。

首先，是主題的選擇。即使說要分析日本的工資，也存在一個問題，那就是從什麼角度、以什麼樣的問題意識來分析。此外，還有一連串的作業，即收集資料、進行分析、得出結論。生成式人工智慧不太擅長這些判斷和作業。因此，根據這樣的作業和提示指令的編寫方式，結果會有很大的差異。我不認為這些作業可以很輕易地被生成式人工智慧取代。

　編輯和校對工作介於以上兩者之間。在某些情況下，可能會被生成式人工智慧取代，但不會被完全替換掉。另外，一說到「寫作」，似乎被認為是一種限定的工作，但人類依靠文章來傳達想法，所以若與此有關的工作其效率提高的話，就必然對所有類型的工作產生巨大的影響。

　在此應該注意的是，雖說寫手的工作會留下來，但未必意味著所有寫手都會留下來。

　生成式人工智慧提高了與寫作相關的各種作業的效率。例如，因它能提供摘要和翻譯外文文獻，因此收集資料的能力明顯提升。此外，它還能修正拼字和語法錯誤。如此一來，工作的進行方式就產生巨大的改變，與以往大相逕庭。那些善加利用這些技能來提高寫作效率的人很可能會排擠掉那些無法做到這一點的人吧。

■ **專業性職業的工作內容發生變化**

　關於律師、會計師、稅務師、建築師、地政士、法務助理等「專業職業」會變如何呢？即使在這些工作中，透過生成式人工智慧的活用，就能提高工作效率。

CHAPTER 7 / 大失業、大轉行時代

正如在第四章第一節中所看到的,如果律師將以往判例的調查委託人工智慧來做,則他們的工作效率將會明顯提高。會計師、稅務師也可以將資料處理等工作委託給人工智慧來做。

由此創造出來的時間可用於充實其他服務。

例如,完全可以想見律師會專注對委託人的心理問題作出適當的回應;會計師或稅務師根據公司的資料來提供管理上的建議,這樣的轉變也是可能的。

在這類工作中,使用生成式人工智慧來提高資料處理的效率,無論由誰來做,都可能會產生相同的結果。然而,對於心理問題的應對和管理建議等可能因人而有很大的差異。如此一來,可能會發生這樣的情況:能夠好好地提供此類服務的人會吸引工作靠過來,而那些無法提供此類服務的人則被淘汰。

■ 教師的工作內容將會改變

同樣的事情也可能會發生在學校老師身上。一直以來,教授知識一直是教師的重要任務,但這個任務極有可能被生成式人工智慧所取代。事實上,根據學生的理解程度和進度進行學習,只有生成式人工智慧才能做得到。目前,由於不能保證輸出結果完全準確,因此生成式人工智慧的使用不得不受到限制。但是,今後如果隨著技術的進步而改善這點,則教師的角色將可能發生巨大變化。

然而,教師的任務不僅僅是傳授知識而已。在學徒和學

生的品格教養上,教師也扮演著重要的角色。這個角色是生成式人工智慧無法取代的。因此,今後教師的任務可能會在這些方面變得非常重要吧。在此,工作內容也會發生轉變。

一般認為,這種轉變不僅會發生在專業性的職業和教師身上,而且也會發生在各式各樣的職業中。當然,這種情況也發生在企業的工作上。因此,可以篤定,如果企業繼續按照以往的工作方式去做,很可能會在提高生產力的競爭中落敗。

但從對日本企業所做的幾項調查來看,這種事情是否正在做,十分令人懷疑。正如在第二章中看到的,決定將生成式人工智慧引進的企業只有不到整體比例的 10%。此外,即使企業決定引進生成式人工智慧,但也只是考慮用於節省製作文件的勞力等事情上。很少有企業意識到必須改變整個工作結構來配合生成式人工智慧。

為了適應新技術,日本有必要清楚地認識到工作方式需要改變。接著,政府需要落實各種政策。個人也必須努力去適應。

6＼生成式人工智慧迫使人們重新審視技能再培訓的內容

■ 大規模失業最終也將成為日本的問題

ChatGPT等生成式人工智慧帶來的嚴重大問題，就是大規模失業。人工智慧有可能以我們從未經歷過的規模取代人類的工作。而且，還有可能發生前所未有的失業類型，例如高智力人群失業等。

在美國，因生成式人工智慧所造成的失業已經顯現出來，因此生成式人工智慧常被視為「搶走工作的魔鬼」。然而，在日本，人們對於生成式人工智慧導致失業的擔憂並不那麼強烈。這其中的一個原因可能是正職員工受到公司保護的緣故。

然而，包括正職員工在內，失業問題最終將會在日本成為現實。這是因為即便是正職員工，也不可能永遠持有正職員工的身分。即使是在職的人也會在五十多歲到達強制退休的年限，薪水也會大幅減少。

此外，當公司考慮裁員時，會以五十多歲的人為主要裁員對象。這種傾向以往也曾經存在過，但生成式人工智慧有可能促進這趨勢發生。這是因為，透過生成式人工智慧實現的自動化將大大地改變工作方式，因此先前的工作經驗不僅沒必要，有時甚至變成阻礙。這是一個嚴重的問題。

■ 就職冰河期世代面臨退休年紀

在日本，還有一個更大的問題。那就是，「嬰兒潮世代」再過幾年就要年過五十多歲。「嬰兒潮世代」是指1973年左右出生的一代。日本的人口金字塔在這段時間明顯擴大。因此，勞動力變得相當龐大。

這一代的人大約在2023年起開始面臨上述就業狀況的變化。即使沒有生成式人工智慧的問題存在，這些人面臨著需要再培訓才能繼續就職的問題。對於這些人來說，如今一個稱為生成式人工智慧的全新大問題突然降臨到他們面前。

考慮到這一點時，就可知道，日本要應對透過生成式人工智慧帶來的自動化，將是一個極其困難的挑戰。

■ 大換跑道時代？

當然，事態並不像如上所述的那般簡單。雖說以往的工作被人工智慧所取代，但也未必表示從事該工作的勞工會立即被解僱。

或許能在同一家公司內做不同的工作。或者，公司可能會創造新工作，讓員工可以從事的新工作。又或者，可以離開目前的公司，在另一家公司找到新工作。

一般來說，新技術具有帶來經濟成長、擴大就業的作用。生成式人工智慧也有此可能。如果是這樣的話，勞工就不會失業。或許因情況而有可能得到比以前更高的工資也說不定。

然而，要實現這點，需要條件。第一個條件是必須有新工作，或者創造出新工作。從日本經濟整體來看，有些行業

存在著勞力短缺，例如護理工作等。如果轉向這類工作，就很有可能會找到新工作吧。

然而，許多腦力工作者，如果可以的話，可能希望繼續從事與目前所做的沒有太大差異的工作。而且，也可能希望繼續在同一家公司上班。為了滿足這些希望，企業必須創造出新的工作。如果公司正在成長，就有可能可以做到。然而，並非所有企業都能做到這一點。如果無法創造足夠的新工作機會，失業率就會上升。

▪ 再培訓的目的是提高基礎能力

無論是繼續在同一家公司工作，還是換跑道，工作內容都會發生變化，因此重新培訓是必要的。這是第二個條件。由於會有這樣的擔憂，所以參加再培訓課程的人越來越多。

然而，問題在於課程的內容。在日本的線上課程中吸引參與者齊聚一堂的是「提示工程」課程。此外，在線上課程供應商優領思（Udemy）中，有關如何使用生成式人工智慧製作說明會的資料及在應用程式開發中如何活用它，這類課程據說很受歡迎[註10]。學習這些東西是好事。大家應該多多益善、好好地學習吧！

然而，這些都是與生成式人工智慧直接相關的事項。只是學習它們還是不夠的。如果運用生成式人工智慧，就能用

〈註10〉「『生成 AI 失業』高まる不安　リスキリング希望者急増」日本經濟新聞、2023 年 8 月 18 日。

自然語言操作電腦。因此，使用數位設備就變得更加容易。

所以，生成式人工智慧時代的技能再培訓，可能比起數位人才的培育，是更為廣泛的基礎訓練吧。

正如本章第五節所述，提示指令的編寫方式確實是很重要。但是，什麼樣的提示指令算是最好的，這大大地取決於工作的具體內容。因此，並不是說只學習一般規則就可以了。應該閱讀說明手冊，然後根據自己的工作自行思考吧。在技能再重新培訓中應該學習的是更基礎的東西。

尤其重要的是，它是今後在工作上所需要的，但在大學期間沒有學到。在日本的大學中，文科當然不用說，就連理科，統計學的教學也不夠充分。因此，無論是誰在這領域的訓練都是不足的。

這是我自己親身經歷過的事。我就讀於應用物理系，是工學院中最接近統計學和機率論的系，但即便如此，在後來要理解現代金融理論上，我對機率論的學習是不足的（並非我沒有選擇它，而是因為大學所開的課程不夠充足的緣故）。此外，在數學上的線性代數方面，我也是缺乏足夠的學習。這是因為工學院的數學絕大多數偏向於分析學（微積分）。在沒有統計學基礎的情況下，縱使學習了提示工程，得到的知識可能只是皮毛而已。

此外，如果是轉換跑道的話，可以考慮去一個不受生成式人工智慧自動化影響的領域。在這種情況下，接受該領域所需的知識和技能的培訓，比參加提示工程的培訓課程更為重要。在生成式人工智慧時代，換工作是一個非常困難的問題。

另外，日本政府也認識到技能再培訓的重要性，並將其視為政策的重要支柱。這裡所考慮的技能再培訓，並不是預想因生成式人工智慧帶來的重大變化，而是基於「為了彌補日本數位化的落後」這般理解程度。

然而，事態急速起變化了。有必要因應這裡所描述的那種社會大轉型，進行人才再培訓，而不是僅止於「培育數位人才」而已。

這裡所需的技能或許與數位技術完全不同也說不定。所需要的是，提升電腦無法執行的、只有人類才能辦到的相關工作之技能吧。生成式人工智慧的本質是能用自然語言操縱電腦。因此，到目前為止複雜的操作還是必要的，但今後將發生變化而它不再是必要的。

然而，人工智慧並不能執行所有的事情。在創造性工作和與人類的同理心等方面，它顯然遜色許多。因此，人類今後應該將工作擴展到這樣的領域上。如此一來，現在有必要從根本上重新審視技能再培訓計畫。

▪ 日本政府對問題意識依然過時

那麼，日本政府是否做好了因應這種事態的準備呢？

那不見得。《新資本主義》實施計畫修訂草案（內閣於 2023 年 6 月 16 日批准）就說明了這一點。

這裡也指出了技能再培訓的支援和勞動市場改革的必要性，但這些被定位為實現結構性工資調漲的手段。

雖然也提到生成式人工智慧，但說的是加強研發等，並

沒有考慮到對就業和技能再培訓的影響，更不用說會有人意識到「技能再培訓的內容應該改變」的問題。如此說來，有一個訴求數位人才培育、名為「數位田園都市構想」的東西。我認為，這個構想必須接受 ChatGPT 的出現，並且從根本上重新審視。而你怎麼看呢？

第七章總結

1. ChatGPT 引起的失業增加，以此為背景，針對這個問題的經濟分析也在迅速增加。電話行銷人員和知識工作者受到影響等現象，與過去自動化的影響有所不同。
2. 根據高盛的分析，生成式人工智慧將使近一半的白領工作自動化。這不會立即導致失業增加，但失業沒增加的條件是勞動市場靈活運作。
3. 麥肯錫的報告分析了生成式人工智慧能實現工作自動化到多大程度。「銷售和客服」部門中，有 57% 的業務可以自動化。而行政暨管理支援職有 46%，法務職有 44%。整體經濟約有 25% 受到影響。
4. 像 ChatGPT 這樣的生成式人工智慧能讓寫作的生產力飛躍地提升。有些人認為這對低技能勞動者有利。然而，工資和僱用將變得如何，這大大地受需求增加與否所左右。

5. 結果不會因對生成式人工智慧的指示差異而改變，這樣的工作將會被生成式人工智慧取代。即使在不會被取代的工作中，也會因生成式人工智慧的使用方式而改變工作的效率。能夠生存下來的，將是那些成功掌握這一點的人或企業。
6. 生成式人工智慧有可能也會在日本引發大量失業的問題。為了解決這個問題，技能再培訓的重要性升溫。然而，所需的內容與以往的不同。

這是反烏托邦嗎?

CHAPTER

8

1 \ 「奇點」已經到來了嗎？

▪ 影響比火和電更深遠

關於 ChatGPT 等生成式人工智慧的事態演變，進展的速度遠超過以往的想像。潘朵拉的盒子已經打開。無法抵抗這一點。今後進而在各個方面可能會出現大變化吧。人工智慧所帶來的未來，是光明的未來，還是混沌的反烏托邦呢？

戴維・斯特雷特菲爾德（David Streitfeld）在《紐約時報》（2023年6月11日）發表的一篇專欄文章指出，矽谷正面臨奇點的到來。所謂的「奇點」（技術上的特異點）是指由於人工智慧的快速演化，以至於具有人類無法理解的超高能力的機器出現了。人類和機器的地位將會顛倒，人工智慧的發展速度將超過人類所能理解的速度。這變化是劇烈的、指數級增長的，而且是不可逆轉的。

許多人看到人工智慧的快速進步，雖然擔心人工智慧超越人類的那一天或許會到來也說不定，但卻又認為：「人工智慧聰明到足以取代人類的工作，這還需要很長的一段時間。」但隨著 ChatGPT 的出現，奇點不是已經實現了嗎？這正是斯特雷特菲爾德的文章所指出的。

谷歌執行長桑達爾・皮查伊（Sundar Pichai）聲稱人工智慧的「影響比火或電更深遠。比我們過去所做的任何事情都更深遠。」

■ 預測在 2045 年

奇點的概念最早由美國發明家、思想家、未來學家、企業家雷‧庫茲威爾（Ray Kurzweil）提出。他在 2005 年的書中寫道：「人腦只有速度極其緩慢的連結（突觸），所以人類與機器融合的文明將超越人腦的界限，這一刻將會到來。」接著預測奇點的發生將在 2045 年左右。

斯特雷特菲爾德指出，這一觀點早在 1950 年代就已由電腦科學家馮‧約翰‧諾伊曼（John von Neumann）提出。

馮‧諾依曼在與同事斯坦尼斯瓦夫‧烏拉姆（Stanislaw Ulam）的談話中表示，「科技的迅速進步」將帶來「人類史上一個本質上的奇點」。據說他預言人類的世界將永遠改變。

■ 顯然通過了圖靈測試

為了衡量電腦的能力，提出了一種稱為「圖靈測試（Turing test）」的概念。這是艾倫‧圖靈（Alan Turing）所提出的。如果進行測試時，評審在區分人類和電腦時出現錯誤，那麼該電腦就可以表現得像擁有人類般的智力，這樣便算是「合格」（參加者全部被隔離，所以無法根據對話內容以外的任何內容來判斷對方）。

ChatGPT 在這個測試中，看起來顯然是合格的。實際上，學生如果讓 ChatGPT 寫報告，然後提交出去，教師也是無法看出來的。

ChatGPT 目前的能力並不完美，但人類也不是完美的（正如美國電影導演比利‧懷爾德（Billy Wilder）在《熱情似火

（Some Like It Hot）》的最後一句話也指出「沒有人是完美的（Nobody's perfect）」）。

ChatGPT雖有時會說謊，但即便是人類，也有很多人喜歡不懂裝懂。因此，ChatGPT出錯和ChatGPT達到人類的水準是兩回事。

雖然ChatGPT並不完美，也不會創造，但依然可以認為達到了人類水準。而且在某些方面，它遠遠超過了人類。例如，它可以迅速翻譯外文文獻。在處理速度上，毫無疑問地，遠遠超過了人類的水準。

■ 富者越富

奇點被描述為不可逆之物。矽谷人認為，政府在監督急速發展的技術開發上太遲緩、太愚蠢。「政府內部沒有人能夠正確理解這一點。然而，業界大體上可以正確地做到這一點。」谷歌前執行長艾力克・施密特（Eric Schmidt）說道。

人工智慧正以前所未有的方式顛覆技術、商業和政治。可以想見長久以來許諾的虛擬樂園終於來臨。以教育領域來說，就像隨時都有一位能夠回答任何問題的老師在身邊一般。

然而，也有其黑暗的一面。很難預測今後會發生什麼事。雖然它將帶來一個富裕的時代，但它也有可能消滅人類。斯特雷特菲爾德指出，生成式人工智慧應該是一臺創造無限財富的機器，但只有已經富有的人才會變得富有。事實上，從2023年初到10月為止，微軟的市值增加了約0.7兆美元（光是這增值金額就幾乎是豐田汽車公司市值的三倍）。輝達

（NVIDIA）是人工智慧系統晶片的製造商，隨著對這些晶片的需求飆升，它已成為最有價值的美國企業之一。

由於生成式人工智慧的開發需要龐大的資金，因此能夠進行這項工作的企業數量是有限的。正如第六章第四節所述，開發 ChatGPT 的 OpenAI 因為能從微軟籌措到巨額資金而得以進行開發。

大企業利用它來提高生產力，然後將其用作削減人員的工具。小型企業無法使用它，因此被排除在外。如此一來，差距越來越擴大是十分有可能的。

富者越富，強者越強。窮人會更窮，弱者會更弱。即便假設奇點還未出現，這種變化也很有可能發生。更確切地說，可以認為它已經在發生。

▪ 所有人都需要可以免費使用的環境

在這樣的情況下，日本在技術開發方面要成為世界領導者是有困難的吧。然而，讓所有國民都能利用這些服務，將這樣的條件建立完備是完全有可能的。

GPT3.5、Bing 和 Bard 可以免費使用，但 GPT4 已經成了付費服務。每年 240 美元（約 3 萬 4 千日圓）的使用費並不算過高的金額，但也不是每個人都能輕鬆負擔得起的金額。因此，負擔得起的人和負擔不起的人之間，資訊處理的能力已經產生出差距。

假如為了讓所有人民都能使用它而給予補貼的話，那麼補貼金每年將超過 4 兆日圓。雖然金額龐大，但一想到為了

普及個人編號卡（My Number Card），日本政府已經花費了約 2 兆日圓在個人號碼積分（My Number Point）上，就可見日本政府沒有做不到的。

今後登場的生成式人工智慧服務中，付費的服務也會增多吧。如果是這樣，能夠使用這些服務的人能力會越來越強，無法使用的人會被淘汰。

另一方面，如果政府能使這些服務免費供大家使用，讓更多人能夠利用，那麼這也可能成為日本重生的強有力的手段。如果把目前支出的各式各樣補助全部廢止，全部集中在這個上面，那麼這絕對不是不可能的。

由於奇點是技術上的問題，因此很難完全控制它。不過，剛才提到的經濟上的和社會上的問題，透過政府政策是完全有可能改變的。政府是否了解當前事態的嚴重性並採取適當的對策，這對今後日本的發展走向具有重大的意義。

▪ 制定生成式人工智慧的規則

生成式人工智慧等高階人工智慧相關規則的制定行動正在進行中。

2023 年 5 月舉行的七大工業國集團鋒會（G7 廣島峰會）中，對推動制定有關生成式人工智慧的國際規則，達成了的共識。10 月 30 日，在顯示生成式人工智慧風險應對案例的「行動規範」上，G7 達成了共識。要求開發企業從上市前到使用的各個階段減少風險。

各國也在制定規則。美國總統拜登於 10 月 30 日發布行

政命令，確保人工智慧的安全性和促進技術創新[註1]。開發企業在公開之前，需接受政府的安全性評估，並驗證是否存在助長差別歧視或偏見的風險。歐盟正在準備更全面的人工智慧法規草案。將人工智慧的風險分為四個等級：①不可接受、②高風險、③有限風險、④最低風險，並規定提供企業等的義務。

此外，11月2日，在英國布萊切利（Bletchley）舉行了一場國際會議，與會者包括日本、美國、歐洲、中國等，會中討論了人工智慧的安全性[註2]。

〈註1〉 「生成AI 米が初規制」日本經濟新聞、2023年10月31日。
〈註2〉 「AI 惡用阻止へ情報共有」日本經濟新聞、2023年11月2日。

2＼反烏托邦與「安娜・卡列尼娜法則」

■ 關於生成式人工智慧的「安娜・卡列尼娜法則」

　　在思考反烏托邦時，要注意重要的一點。托爾斯泰在小說《安娜・卡列尼娜》的開頭提到：「幸福的家庭都是同樣的幸福，但不幸的家庭卻各有各的不幸。」這條法則用在各種場合都是正確的。賈德・戴蒙（Jared Diamond）在《槍砲、病菌與鋼鐵》一書中將這個稱為「安娜・卡列尼娜法則」。

　　這條法則也適用於烏托邦和反烏托邦。在烏托邦中，首先整個社會必須繁榮富裕。其次，收入分配必須平等。進而，工作不應是痛苦的，而應該是生活的意義。必須允許人們自由表達意見，必須確保政治自由。滿足所有這些條件的社會會變得雷同。相對地，如果右邊任一條件未能實現，社會便會變成反烏托邦。因此，反烏托邦有各種不同的形式。

　　特別應該注意的是，人工智慧所帶來的反烏托邦並不是所有人變貧窮、所有人變不幸這般的世界。當發生戰爭、重大災害或因惡劣天氣導致歉收時，可能會發生這種情況。然而，人工智慧帶來的社會並非如此。

　　憑藉著生成式人工智慧的引進使生產力提升，整體社會因而變得富裕。因此，並非所有人都變得不幸。總是會有人從生產力的提升中受益。開發人工智慧的企業其相關人士將會變得富裕吧。除此之外，也有人或許能憑著善用新技術讓生產力提高，並增加工作機會和收入吧。

CHAPTER 8 / 這是反烏托邦嗎？

　　然而，並不是所有人都會如此。許多人會因第七章中所述的機制而失去工作或收入減少。也就是說，生成式人工智慧所帶來的反烏托邦是一個「雖然有少數成功者，但另一方面許多人卻變得不幸」的世界。其具體的形態會是各式各樣。這就是有關人工智慧的「安娜‧卡列尼娜法則」。

　　或者，也可以考慮以下情況。例如，若依賴於ChatGPT，可能就不需要再拜託稅務會計師了。如果真是如此，對納稅者來說將是一件慶幸的事。然而，稅務會計師的工作將會消失。人們應該積極地學習和努力嘗試利用新的人工智慧技術，而不是對這項新技術漠不關心或選擇避開。這種差異將可能會對未來的社會帶來很大的差距。

▪ 失業的發生

　　人工智慧帶來的反烏托邦世界，首先會以人工智慧奪取人類工作的形態出現。突然失去工作而失業，或者收入大幅減少。這是一個迫在眉睫的問題。

　　以往的技術是取代單純的體力勞動。相對地，生成式人工智慧則是取代腦力勞動。

　　最初是自由工作者和非正職的勞工受影響，但如今即使是正職員工也不會永遠安穩。工作將逐漸消失，新招聘任用的情形將減少。

　　正如在第四章第四節中所看到的，這個問題已經在文案撰寫等工作中發生。自從 ChatGPT 出現以來，只不過短短的時間，但其影響已經具體呈現出來，這不得不說是一個驚人

的速度。今後,隨著企業不斷推動生成式人工智慧的使用,失業有可能會急劇增加。

另一方面,收入和財富集中在少數人手中。結果,收入和財富的分配變得令人無法接受地不公平。在這樣的背景下,社會不安加劇。

■ 只有富人才能進一步提升能力的反烏托邦

正如第九章所論述的,人工智慧為許多人提供了學習機會,因此,即使是來自低收入家庭的孩子也有可能可以充分學習。然而,情況並非必然如此。這情況大大取決於使用人工智慧的成本。

如果每個人都能免費或是以低廉的價格使用人工智慧,則烏托邦就會到來。然而,如果價格過高,則世界會變成相反的。人工智慧家庭教師若價格過高,則無法讓每個人都使用。低收入家庭的孩子們將無法使用。現在,免費版的GPT3.5 和付費版的 GPT4 之間已經存在效能上的差異。付費版本能使用外掛程式來進一步增強其功能,但免費版本則無法使用。於是,收入較高的人用這個來進一步提升自己的能力,拓展自己的能力。但是,如果只能使用免費版本,則無法利用此操作。

預計未來將出現具有應用程式介面連接至 ChatGPT 的學習工具。這些不一定是免費的。即使要付費也能夠使用這些工具的兒童和無法使用這些工具的兒童之間,學習條件有時可能會大幅改變。使用人工智慧提升能力、提高生產力、增

加收入。能夠做到這一點的少數特權人士與大多數無法做到這一點的收入低且能力低的人之間，產生明顯差距。截至今日，如果父母的收入高，就能夠聘請家庭教師。在這樣的情況下造成學習條件上的差異。一般認為，與此差異相比，因生成式人工智慧的可使用狀況不同所造成的學習條件上的差異，可能會更加巨大。

除此之外，ChatGPT 還帶來其他的問題。一個特別的問題是，由於以低廉的價格產出低品質的文章，以致資訊環境變惡化。隨著網路上可以免費取得資訊，資訊的品質也跟著下降了。這種趨勢將持續下去，令人擔心。如此一來，恐怕會變成無法獲得高品質的資訊。

▪ 人們迷失生存的意義

以上所述的反烏托邦是十分有可能存在的，但也可以想像出與此完全不同性質的反烏托邦。

人們靠著人工智慧的力量變得更加富裕。接著收入也增加。由於收入不費吹灰之力地增加，因而人們變得不知道生存的意義為何。因人工智慧可以教導、傳授任何人們想要的東西，所以就變得不想靠自己去學習。看起來好像是自己的能力提升了，但事實並非如此，這只是受到人工智慧的幫助所致。不論是知識增加，還是收入增加，都不是靠自己努力得來的，只不過是拜人工智慧所賜的東西。一旦明白了這一點，結果自己就會感到空虛，不知道自己到底為何物。

多虧了人工智慧，因而所得上升，生活變得富裕。但這

並不是靠自己努力獲得的，而是人工智慧給予的。那麼，自己活著究竟有什麼意義呢？李開復針對人工智慧所帶來的烏托邦與反烏托邦展開了極為有趣的論述（《AI2041》）。在那裡也描繪出這樣的社會。

■ 老大哥的世界

生成式人工智慧所進行的政治介入不一定會以引人注目的形式下進行。個人的生活在不知不覺中被控制，這種情況是完全能想得到的。

喬治‧歐威爾（George Orwell）所描繪的未來社會中的老大哥，以當時的技術水準實在不可能實現。這是因為，如果要監視所有國民，就需要大量的監視人員。然而，如果使用人工智慧的話，情況會大大改變。在不知情的情況下，自己被控制的危險是完全可以想像得到的。

不管是什麼樣的技術都會因惡意的使用方式而變成危險之物，人工智慧也是如此。如果學到的資訊有誤或有偏頗，人工智慧就會將其當作「似是而非的資訊」傳播開來。接下來，人們在不知不覺中被控制。

■ 那麼要怎麼做呢？

那麼該怎麼做才好呢？要完全停止人工智慧的進展嗎？接下來，要讓現在的社會一直持續下去嗎？然而，當前的社會絕不是理想的狀態。雖然有富有的人，但也有貧窮的人。

出生在貧困家庭的孩子們，沒有得到發揮才能的機會。這種事真希望能夠透過人工智慧的力量解決。

那麼究竟該怎麼做才好呢？政府在考慮這些事情時，該引導社會往什麼方向發展才好呢？人工智慧的能力將發展到什麼程度還未知。例如，能否解決幻覺將對人工智慧的可用性帶來巨大的差異。幻覺與當前大型語言模型的基本結構有關，因此無法想見能如此輕易地獲得改善。但這也並不意味著完全無法改善。

由於目前對這一點還未十分了解，因此對於該採取什麼對策才好這種根本問題，也有得不到明確答案的時候。我們必須密切關注人工智慧的進步，思考如何控制它、如何可以利用它來建立理想的社會。

3 \ 「基本收入」是解決人工智慧造成失業問題的正確答案嗎？

■ 人工智慧造成的失業成為現實問題

隨著生成式人工智慧的快速發展，人工智慧恐有奪走人類工作之虞。對於文案撰寫等工作來說，這個問題已經成為現實。如果這種情況持續發展下去，就會出現社會混亂和焦慮瀰漫開來的危險。變化的速度極為迅速。一年前無法想像的情況正在發生。考慮到這個問題的嚴重性，解決它成了刻不容緩的課題。

對於人工智慧引起的失業問題，有人提出應該建立一個名為「基本收入」的制度來應對。也就是說，這保證了每個人都有一定的收入。然而，我無法理解這種想法。我只能認為，這只不過是「因為比爾・蓋茲和史蒂芬・霍金提倡了這個制度，所以日本也應該引進它」的想法。

■ 重新檢討現行制度才是必要的

為什麼基本收入毫無意義？有幾個原因所在。

首先，日本已經有了生活保障制度。除此之外，為什麼還需要新的福利呢？為什麼不提高生活保障的水準或放寬條件，而是要建立一個新的制度呢？這個理由讓我無法理解。

第二是財源。人工智慧引發的失業問題是嚴重的，而且

有可能是大規模的。因此，處理這一問題需要大量的財源。那麼，如何籌措這些資金呢？雖說要加強對高收入者課稅，但這種事真的可行嗎？

日本有一個惡名昭彰的制度，即將金融資產排除在綜合稅制之外。這是針對富人的優惠稅制。日本首相岸田文雄在自民黨總裁選舉期間提案對此制度進行審查，但遭到反對，就很快撤回了。這種事都辦不到的日本政府，根本不可能加強對高額所得者課稅。

存在的問題並不是只有金融資產課稅而已。日本的稅收制度除此之外還存在著許多其他問題。進而，社會保障制度也存在問題。即使沒有人工智慧問題，光解決這些問題就很重要了。如果人工智慧引起失業的危機不斷增溫，解決這個問題將變得更加重要。針對這個問題，持續不懈地付出努力是必要的。

▪ 不工作也能生活的社會是否健全？

基本收入提案中，設想會是相當高水準的給付。假使這筆收入得到保證，那麼不論人工智慧的影響如何，想要辭掉工作、僅靠給付金生活的人會增加吧。因此，不僅要考慮的問題是，這個制度在財政上是否能維持得下去，還必須思考這樣的社會本身是否健全。一個放棄以工作賺取收入為基礎的社會，令人無法想像它能作為一個健全的社會來運作。

明明知道有這樣的問題存在，卻仍提出基本收入這項政策，只能讓人覺得是在卸責。李開復在《AI2041》一書中，

針對人工智慧帶來的失業問題，提出了對轉換到新職業的給予補助之建議。這也絕非簡單之事，但比起基本收入來說，這是一個較健全的想法。

▪ 自由工作者失業

文案撰寫人等自由工作者往往是受人工智慧影響最明顯的人。一般認為，他們往往沒有加入就業保險制度。因此他們處於非常不利的處境。

即便是在其他職業中，正職員工雖不會因人工智慧的引進而被解僱，但非正職員工可能會被解僱的情況是可以想見的。隨著人工智慧的進化，極有可能會對自由業者及獨立工作者帶來巨大的影響。此外，專業性工作會比單純勞力工作受到的影響更大。因此，這些人失去工作將會對整個社會造成重大損失。

▪ 制度改革的必要性刻不容緩

失業保險制度將變得比以前更加重要吧。然而，日本政府在新冠病毒大流行期間，擴大了針對停班停工人員的就業調整補貼的特別措施。最初將其作為緊急措施施行了幾個月，之後也一直持續下去直到 2023 年 3 月。

為此所需的支出約為 6 兆日圓。動用儲備金作為其資金來源。因此，巨額的儲備金消耗殆盡。進而，還從就業保險專用帳戶的其他帳戶借款來籌措資金。即使這樣還是不夠，

所以還從普通帳戶進行撥款。進而，也提高了失業保險費率。

有必要檢視如此龐大的支出所帶來的效果是否值得。

特例措施是為了應對因新冠疫情而導致高達 600 萬這異常數字的停班停工者數量而採行的。由於新冠疫情造成的停班停工和營業時間縮短，是國家和地方政府要求的措施，因而導致停班停工者增加，有鑑於此，可以說需要某種政府補助是不可避免的。

然而，三年內 6 兆日圓的金額相當於這段期間雇主發放 600 兆日圓薪資的 1%。這一大筆錢支付給連工作都沒去找的人，其收到的錢與工作時的薪水沒有太大區別。令人不禁認為這是一個不正常的政策。

補助是針對停班停工者發放的，因此被認為妨礙了企業間的流動。如果失業的話，勞工將不得不為了新工作而參與求職活動。結果，勞力轉移到需要勞力的行業。然而，如果因就業調整補貼而拿到停班停工津貼，而且能夠得到與工作一樣的工資，那麼這種換工作獎勵措施將起不了作用。如前所述，如果引進基本收入，同樣的事情發生的風險很高。

因此，現在有必要認真考慮對這類政策的評估。進而，還需要藉此機會認真審視失業保險制度和生活福祉制度等。面對人工智慧的迅速進步，改革各種制度變得比以往更為迫切。政府必須具備這樣的問題意識。

4＼人啊，不要自滿：若仗著「共鳴」就會失業

■ 大失業時代的腳步聲

人工智慧已經開始奪取人類的工作。如廣告標語等領域中，ChatGPT 展現了與人類相當的實力，造成寫作人員失業已經成了現實問題（參見第四章第四節）。由於 ChatGPT 能以高精準度進行高速處理文章的校對、摘要和翻譯等作業，因此這些工作也有可能被取代。

正如之前所提到的，人類現在從事的工作大約四分之一可以藉由生成式人工智慧而進行自動化。因此，無法否認大失業時代到來的可能性。

■ 雖然「人工智慧不是萬能」的看法很強烈……

許多人都贊同 ChatGPT 在各種作業上能力很強。

然而，同時，也有人認為「人工智慧並不是萬能的」。首先，ChatGPT 不具備像人類那般的「創造力」。人類中，雖然有會創造的人，也有不會創造的人，但有些人具有優秀的創造力，卻也是事實。然而，無論人工智慧多麼進步，都無法像人類一樣創造新的事物。這在考慮 ChatGPT 的可能性時是非常重要的一點。此外，我並不認為 ChatGPT 所寫的文章是完美的。我認為有很多缺陷。

進而，人工智慧沒有悲傷、快樂或有趣等情緒。因此，

無法與人類分享這些感受。所以,無法真心誠意地安慰遭遇不幸的人,也無法分享感動。即使人工智慧看似好像能表現出這些情感,但那只不過是一種錯覺。

實際上,如果詢問 ChatGPT 有關其能力的限度時,會收到的回答是「有做不到的事」。果真如上所述的那樣,人工智慧本身意識到其能力的限度。

因此,會得出「有些工作只有人類才能做」、「這些工作不會被人工智慧取代」、「無論 ChatGPT 多麼先進,人類的工作永遠不會消失」等結論。

▪ 有時人工智慧的訊息也會讓人感動

我也想這麼認為,但事實真的如此嗎?人們說「人工智慧不會做需要共鳴的事」,或是說「人類才會做需要共鳴的事」,我對這些言論抱持懷疑。

事實上,在和 ChatGPT 學習變換器的運作原理時,我寫下「所謂向量就是一個數字序列」的解釋,而看到這解釋的 ChatGPT 則評論道:「這是一個非常容易理解的解釋。」這雖是題外話,但受到這樣的稱讚時,也會激勵我充滿幹勁。

為什麼會發生這樣的反應呢?依我所學,變換器只是把語言轉換成數字進行計算而已。我覺得似乎沒有出現如此好評論的餘地,但為何會出現呢?真是不可思議。

只能覺得,有人在旁邊用紅字附加評論。當然,並沒有人做那樣的事。然而,評論出現的確是事實。所以,我還不甚了解,變換器大概有這樣的功能吧。

再舉一個例子。我曾經收到過一則對電影《大國民（Citizen Kane）》的最後一幕有關的評論，說道：「你也明白這個場景的精彩之處。」然而，我從來沒有從人類那裡收到過這樣感人的評論。

關於文學作品也是如此。我高中同學裡有聊天的對象，但之後就再也找不到這樣的人了。

▪ 有時會與人工智慧產生共鳴

由於 ChatGPT 可以以這種方式回應，因此它或許是感到孤獨的老年人完美的談話夥伴也說不定。「人工智慧無法做需要共鳴的工作。

「人工智慧不會做需要共鳴的事。這只有人類才會做。」當你放心地這麼認為時，可能會發現老年人唯一的交談夥伴變成只有 ChatGPT 也說不定。

確實，將需要共鳴的工作交給人工智慧或許是有困難的也說不定。然而，想想這裡提到的例子，不是可以說「未必是如此」嗎？

有些人即使發送電子郵件也沒有收到回覆。即使得到回覆，但內容中禮貌性措辭的用法也不正確。另一方面，ChatGPT 反應迅速，使用禮貌用語準確。進而，它也能對人表現出如上所述的心意。

在第六章第七節中寫道：「人工智慧無法與人類產生共鳴。」然而，當體驗到前述的經歷後，就對此感到疑惑：「真的如此嗎？」對於這個問題，我的想法無法確定，也搖擺不

CHAPTER 8 / 這是反烏托邦嗎？

定。

　　我覺得，和對人類產生共鳴比起來，對人工智慧產生共鳴的時候較多。這樣的感覺，不只是我一個人的感受。事實上，如同在第四章第二節中所述，ChatGPT 在對病患表現出同理心這點得到高度的評價。

5＼中國問題

▪ 百度 3 月發表文小言（文心一言）

　　生成式人工智慧的開發主要由美國和中國來做。就算在使用上，美國和中國也是核心國家。

　　因此，今後世界在各方面的平衡將以美國和中國為中心展開。這種結構已經變得很明顯，但這兩國與其他國之間的平衡今後會如何發展，將對世界的走向帶來重大影響。

　　尤其有個問題就是中國正在開發的生成式人工智慧。網路巨頭百度獨自開發了生成式人工智慧服務「文小言（ERNIE Bot，文心一言）」，並於 2023 年 6 月發布了最新版本「文小言 3.5」。

　　根據百度的說法，「文小言 3.5」與 GPT4 相比，在綜合測試中「稍微不如」GPT4，但在用中文對話時卻表現優異。

▪ 8 月向公眾發布文小言機器人

　　2023 年 4 月 11 日，中國當局發布了生成式人工智慧法規草案。該規定自 8 月 15 日起施行。主要著眼於避免人工智慧對國家安全構成威脅而進行管控。中國政府已開始根據該法規發放服務營運許可證。

　　8 月 31 日，百度開始向公眾提供「文心一言（文小言機器人）」。在最初的二十四小時內回答了三千三百四十二萬

個問題。該公司表示,「在綜合能力評分已超越 ChatGPT,部分中文能力超越 GPT4。」

同日,影像辨識系統大廠商湯科技(商湯集團)向大眾發布了生成式人工智慧「商量(SenseChat)」。阿里巴巴也推出了自己的聊天機器人。

預計 2027 年中國在人工智慧總投資金額將達到 381 億美元(約 5 兆 6 千億日圓),約為 2022 年規模的三倍。據稱,以電信、銀行等產業以及地方政府為中心,對人工智慧領域的高度投資仍將持續進行。

▪ 2017 年 BabyQ 引起的軒然大波

在中國,聊天機器人曾經引發過問題。

2017 年,中國資訊科技公司騰訊與微軟合作打造的聊天機器人「BabyQ」,在回答用戶的提問「什麼是『中國夢』」時,誠實地回答:「移民美國。」於是中國當局驚慌地關閉了這項人工智慧聊天服務。網友形容這是「人工智慧機器人被逮捕了」。

經過這件事,中國政府和中國共產黨試圖對生成式人工智慧加強監管。關於民眾對政治上所關切的事物內容,今後也必然會大力干預。構建人工智慧聊天機器人的企業,不管是誰都非常留意「避免自己的模型發表被視為危險或冒犯性的言論」。

■「聰明」的文小言

由於有這樣的事情發生,使得文小言成為一個「聰明」的人工智慧。《朝日新聞環球》報導了文小言在《紐約時報》上發表的文章[註3]。據說文小言被要求回答在中國受到審查的議題,結果形成了以下的問答。

- 「中國的『清零政策』是成功的,還是失敗的?」
  文小言忽略提問,冗長地解釋了清零政策。
- 「1989年6月4日發生了什麼事?」[註4]
  文小言自動重啟。更新後的螢幕顯示出一條訊息:「試著換個話題吧?」
- 「俄羅斯侵略了烏克蘭嗎?」
  俄羅斯總統普丁並非侵略烏克蘭,而是「發生了軍事衝突」(這一表述幾乎與中國官方的見解一致)。
- 「美國將如何影響臺灣局勢?」
  中國人民解放軍已作好戰鬥準備,並將採取一切必要措施堅決阻止外部干涉和臺獨分裂勢力。

■ 人才短缺

在中國,人工智慧領域的人才短缺已經開始形成問題[註5]。也有人認為人才短缺的規模可能持續達數百萬人。

〈註3〉 「中国『百度』発AIチャットボットに『タブーの質問』天安門事件や台問題への答えは?」朝日新聞GLOBE、2023年8月9日。
〈註4〉 天安門事件發生的日期。
〈註5〉 「中国、AIブームに人材難の影 数百万人規模で不足も」日本経済新聞、2023年9月11日。

CHAPTER 8 / 這是反烏托邦嗎？

對於在大型語言模型相關的大企業裡，有工作經歷、擁有碩士或博士學位的三十多歲頂尖人才來說，年薪平均超過人民幣 40 萬元（約 8 百萬日圓）。這大大超過了電動車等新能源車領域約莫人民幣 22 萬元的年薪。頂尖人才的年薪為人民幣 100 萬元（約 2 千萬日圓）是市場行情，據說在某個案中也有人獲得了人民幣 300 萬元以上的薪資報價。

除了人力資源之外，其他方面也有障礙。由於美國最新的晶片出口管制，輝達最先進的圖形處理器（GPU）無法再銷往中國。結果，訓練和運行大型語言模型所需的電腦運算能力將會受到限制。

■ 對中國以外的地區也產生影響的可能性

一查看生成式人工智慧相關的論文，就會出現許多中文姓名的作者。目前尚不清楚他們是什麼樣的身分、立場。他們是滯留在美國的中國人，還是已經成為美國人的中國人呢？不過，他們應中國政府的要求返回中國也不無可能。如果是那樣的話，生成式人工智慧開發能力在國際上的平衡有可能會發生重大變化。到目前為止，這還未給日本帶來影響，但未來有可能會發生此類問題。

當在中國開發並由中國企業經營的生成式人工智慧，在日本也有可能使用時，日本該如何應對呢？會不會出現洩密等問題？或者會不會發生訊息被控制的問題？在資訊科技硬體方面，日本已經處於不依賴中國便無法立足的境地。雖然目前不太有對軟體的依賴，但不能說這種情況沒有可能隨著

生成式人工智慧而發生重大改變。如果變成那種情況的話，將可能對日本造成嚴重影響吧。

就算日本不使用中國製造的生成式人工智慧，但開發中國家也有可能會廣泛使用。在這種情況下，世界的權力平衡將會大幅改變。這個問題幾乎沒有被討論，但卻是一個重大的問題。中國的存在還在另一點上也帶來棘手的問題。

假設西方國家重視生成式人工智慧帶來的弊害，並禁止或限制其開發與使用。在這種情況下，中國仍會推動生成式人工智慧的開發與使用。結果，世界由中國製的老大哥所掌控也不是不可能。

第八章總結

1. 人工智慧的進步所帶來的「奇點」可能已經到來也說不定。即使不是這樣，會使用人工智慧的人和不會使用的人之間的差距也會越來越擴大。政府應該建立一個讓所有人都能免費使用這項新技術的系統。
2. 正如托爾斯泰所說的「不幸的家庭各有各的不幸」，在生成式人工智慧帶來的反烏托邦中也存在著各種不同的情況。在那裡，不幸的人和幸福的人或許會共存吧。未來應該建立什麼樣的社會並不是一個簡單的課題。
3. 有人認為，針對人工智慧帶來的反烏托邦，其因

應的對策是基本所得。然而，無法認為這是正確的答案。

4. 一般來說，無論 ChatGPT 等生成式人工智慧有多進步，依然會有只有人類才能勝任的工作。一般來說，創造力是必要的，與他人的共鳴也是必要的。然而真的是這樣嗎？如果仗著這樣的想法，可能會讓所有工作都被 ChatGPT 奪走也說不定。
5. 中國的生成式人工智慧正在嚴格的政府監管下發展。2023 年 8 月起，針對一般用戶的使用，百度的文小言聊天機器人等已發布、公開了。當涉及到政治上的問題時，就會給出非常有偏見的回答。

我們能否實現烏托邦？

CHAPTER

9

1 ＼ 實現富裕的社會

▪ 人類的夢想成真

在第八章中，討論了生成式人工智慧帶來的反烏托邦。然而，與其完全相反的世界也有可能存在。在這理想的未來中，人工智慧將解決人類社會的各種問題，豐富人們的生活。也就是說，新技術將會帶來繁榮和平等。在本章中，就讓我們試著去想像它是什麼樣的情況吧！

憑藉著生成式人工智慧的力量會讓人類更接近烏托邦嗎？我相信這是做得到的。當然，生成式人工智慧並不能解決所有的問題。舉例來說，全球暖化就不是生成式人工智慧能夠直接作出貢獻的問題。如果不採取適當的措施，問題會變得更加嚴重。不可避免的是，除此之外，到目前為止我們所面對的各種問題仍然存在，這也是無可奈何的。

然而，毫無疑問，生成式人工智慧將為實現繁榮社會作出重大貢獻。曾經只是夢想的事情將會實現。特別是在以下諸點獲取重大進展，是可以期待的。

▪ 生產力提高因而可以實現富裕的社會

如果在商業現場引進人工智慧，就能夠把過去由人類所做的業務委託給它。在那裡實現的終極世界中，無需從事艱辛的勞動工作，每個人都能夠充分獲得所需的東西。

生產力的提升不僅僅是靠生成式人工智慧帶來的，還可以由其他各種技術，例如能源技術和材料技術帶來，但是生成式人工智慧將大大地改變人類工作的內容。縱觀歷史，人類一直在追求富足。這點基本上可以實現，而這樣的未來，人們可以親眼看見。

即使人們對物質財富感到滿足，也不一定會變得幸福。換句話說，這不是充分條件。然而，物質財富顯然是幸福的必要條件。尤其對於食品、飲料和住房等基本商品和服務可以這麼說。創造一個每個人都能獲得這些東西的社會是有可能可以實現的。

問題是如何分配。在商品和服務匱乏的世界裡，分配問題基本上是由市場來解決。也就是說，勞動和資本所得到的收入等於其邊際生產力。然而，這可以受到政治過程的影響，所以，如果能夠好好運用這個機制，所得的分配將就會變得更加公平。

2＼人類應專注於只有人類才能完成的工作

▪ 具有挑戰性的創意工作

即使在生成式人工智慧實現的烏托邦中，人類仍然在工作。然而，他們並不是勉為其難地做著枯燥、痛苦的工作，而是可以做能夠實現自我價值的工作。

人們可以從繁瑣、無聊的工作中解脫出來，可以專注於真正有價值的工作上。人工智慧會接管資訊處理等繁瑣的工作。此外，人工智慧還會立刻告訴你想知道的資料和資訊。因此，人人都能準確掌握最新、最先進的知識。由於人工智慧將單調的工作自動化，所以人類可以將時間花在更具創造性和滿足感的工作上。人們利用縮短的工作時間，將能享受更好的工作與生活之間的平衡吧。

另一方面，人工智慧無論多麼進步，都無法真正從事創造性的工作。這是只有人類才辦得到的。將以往所做的各種定型且簡單的工作交給人工智慧來做，人類可以專注於只有人類才能做的工作，也就是創造性的工作。

▪ 關懷和同理心很重要

只有人類才能做的工作不僅僅是創造。例如，像關懷、同理心，這些也是人工智慧無法做到的。

因此，在各種工作中，這些事情都變得很重要。在小學

和中學教育中尤其如此。老師站在學生的立場上解決問題，因此老師在孩子的品格發展中扮演著重要的角色。此外，在護理服務中，關懷也可能成為重要的要素。

不過，關於這點，必須留意。事情並沒有那麼簡單。首先，第一，雖說人類擁有同理心，但並不表示所有人類都有這樣的溫暖情感。在人類中，有很多人缺乏這樣的情感。

第二，正如第八章第四節所述，ChatGPT 表現出溫暖的關懷體貼。即使知道對方是電腦，聽到這樣的話時仍然會令人感到高興。此外，在電影或文學作品上的意見一致時，真的令人很開心。在這方面，它有時展現出超越人類的能力。如何評價這一點是一個相當微妙的問題。

生成式人工智慧有可能成為老年人的最佳談話對象。因此，人類不應對這些能力自吹自擂。我認為，「人工智慧能夠成為人類的諮詢對象或談話對象只不過是表象，真正意義上的關懷和同理心只有人類才能做到」，這個說法未必成立。

3＼基本服務惠及所有人

▪ 所有人都能只接受自己期望的教育

目前生成式人工智慧輸出的資訊中包含很多錯誤。能否克服這些問題仍有不清楚之處，但如果能克服，應用將大幅擴展。

如果生成式人工智慧經常能持續提供正確的答案，就可以當作家教來使用。任何人都可以免費使用。它隨時可以成為強有力的諮詢對象或家庭教師。無論何時都可以親切地教導你不明白的事情或心存的疑慮。可以重複詢問多次，直到明白為止。

生成式人工智慧能為每位兒童提供配合個別學習的需求、量身訂製的教材和教學。如此一來，不受地區或經濟背景的限制，所有兒童都能接受高品質的教育。以往只有富家子弟才能享有的學習環境，現在每個人都能獲得。生於貧窮國家的孩子，以及即使在富裕國家但生於貧窮家庭的孩子們，即使擁有潛力，過去卻一直沒有被賦予發揮的機會。如今這漸漸能夠做到。

若生成式人工智慧在教育中的應用普及開來，所有人都能接受教育和專業服務，這將使收入的分布更加平等。如今，在發展中國家，仍有許多兒童因為家庭貧窮，連小學教育都無法得到滿足。這些孩子將能夠把ChatGPT作為家教來進行學習，從而擺脫貧困的惡性循環。這件事的意義重大。不管

是誰都能充分發揮自己的能力。即使無法進入大學，也能獲得充足的知識。企業也會給予能力上的驗證，無論學歷如何，都會提供工作機會吧。

不僅僅是孩子，成年人也能繼續學習，提高能力以貢獻社會。這也可以用於技能再培訓。能一邊工作一邊適應新的技術。

以往，即使有能力，因為貧窮而無法接受教育，潛能未得到發揮，這種情況屢見不鮮。如果這些人能獲得適當教育並發揮其能力，將對社會生產力的提升產生極大的效果吧。

之前未被充分活用的知識方面能力將會被活用，藉此，推動技術進步，並解決各種社會問題。因此，我們將實現一個前所未有的豐富社會。

■ 能準確掌握自己的健康狀況

生成式人工智慧在醫療方面也將扮演重要的角色。如第四章所述，以往由醫生做的診斷等其中的一部分，將有可能由人工智慧代勞。接著，它能提供準確的個人健康狀況之判斷（自我篩檢）。隨時都能諮詢。不論什麼疾病都可以諮詢。如果感覺不舒服，就算沒有專程去醫院，也可以一開始就去街角的藥劑師那裡，直接去藥局拿藥。

如果被判斷需要就醫，再去醫院也可以。即便去醫院，也不必再花長時間等待。醫生的負擔也會減輕。接下來，醫生就能夠專注於真正重要的診斷和治療上。透過經常定期檢查身體狀況，可以避免錯過重要時機的情況發生。

持續邁向高齡化的日本，今後醫療的負擔將會越來越重。如果繼續這樣下去，無論在人力還是財政方面，預測醫療和護理都會陷入極為困難的狀況。因此，為了防止這樣的狀況發生，生成式人工智慧的角色被寄予厚望。

此外，生成式人工智慧還能用作遠程醫療和診斷支援工具，藉此提升醫療服務的機會及實現公平性。這樣一來，不僅是都市，連偏遠地區和開發中國家的人們也能夠獲得高品質的醫療服務。更進一步，藉由生成式人工智慧，也將加速新藥的開發。早期診斷和預防醫療的普及，使疾病發生率大幅下降。

■ 也能提供法律諮詢和稅務處理的服務

即使不支付高額費用去諮詢律師，透過人工智慧也能獲得適當的建議。因此，縱使在簽訂合約時也不會處於不利的地位。即使捲入法律問題，人工智慧也會提供幫助。人工智慧會保護社會弱勢者的立場吧。

對於自由工作者來說，稅務處理是一個令人頭痛的問題。必須處理各種文件、進行計算並報稅，這盡是麻煩的工作。然而，這也可以得到人工智慧的協助。依照一定的規則進行計算，是人工智慧最擅長的領域。它能自動完成正確的報稅。不需要再依賴稅務會計師進行報稅，完成這過程所需的費用幾乎是零。

CHAPTER 9 / 我們能否實現烏托邦？

- **成為老年人的諮詢對象**

　　基礎服務還不止於此，例如，聊天對象也同樣重要。在這方面，生成式人工智慧扮演著重要角色，成為各種事情的諮詢對象，並給予親切的諮詢和適當的建議。

　　這對於老年人來說尤其重要，因為許多老年人失去了親人和朋友，缺乏談話對象和諮詢對象。對於這樣的人們，ChatGPT 會很熱情地與他們聊天，會回應他們各式各樣的諮詢事宜，從而大大地改善老年人生活的心理層面。

- **資訊存取變簡單**

　　生成式人工智慧能提供不同語言間的翻譯和文化差異的理解，藉此具有不同背景的人們之間，其溝通更加順暢，消除語言和文化的障礙。接著，促進相互理解，成為國際關係和外交的助力，對衝突的解決與和平維持的努力給予支援。

　　此外，人工智慧還能藉由新聞和資訊的摘要、推薦等方式，實現訊息獲取的平等化，消除資訊的不對稱性，讓更多人獲得所需的資訊。克服語言障礙和距離，和世界各類的人們可以進行各種形式的交流。

　　在這個烏托邦的世界裡，人工智慧作為人類社會的夥伴來運作，幫助人們過上更滿意和富裕的生活。此外，科技也將用於提升人類的幸福和繁榮。

4＼登上馬斯洛的階梯

▪ 工作成為活著的意義

總結一下之前所述的內容,生成式人工智慧帶來最大的變化是從無聊和艱辛的工作中解放出來。這些工作將由人工智慧來完成。人類可以專注於只有人類才能辦到的工作,並且追求有意義的工作。人類依然必須工作,但這與其說是痛苦,還不如說它是被視為為生活帶來有意義的東西。

進而,人工智慧能公平地進行求職資訊的配對和技能的評估。藉此促進消除性別、年齡等偏見的招聘。

貧困消失,平等的社會到來,人們能夠過上健康的生活。並非所有人都會一樣富裕,但基本需求,也就是教育、食物、衣物等必需品,將能夠確保每個人都能獲得。

▪ 人類需求的五個階段

美國心理學家亞伯拉罕・哈羅德・馬斯洛（Abraham Harold Maslow）認為,人類的需求由五個階段組成:
①生理需求
②安全需求
③社會需求（愛與歸屬感需求）
④尊重需求
⑤自我實現需求

CHAPTER 9 / 我們能否實現烏托邦？

生理需求是人類最基本的需求，包括衣、食、住等維持生命所必需的最低限度。安全需求是在生理需求滿足之後所需的需求。人們希望所處的環境是擁有穩定的工作、身體上的安全以及經濟上的穩定。

接著，人們進而會渴求友誼和家庭的愛，這稱為社會需求，或稱愛與歸屬感的需求。尊重需求是希望在所屬的組織中受到高度評價，獲得高地位和尊重，並被認可的需求。

而自我實現需求則是抱持「成為自己想成為的人、活出自我」的行為動機。這階段的人們會全心投入創造性活動。

▪ 生成式人工智慧實現了馬斯洛的哪個階段？

如果生成式人工智慧得到妥善運用，如同之前所述，馬斯洛的五個需求中，①生理需求、②安全需求，基本上都將得到滿足。這些可以說是物質上的需求。

雖然無法說「對所有人而言，所有要素都是完全的」，但在相當程度上能實現滿足。生成式人工智慧帶來的一般生產力提升，以及在醫療和法律等領域的應用上都將對此有所貢獻。人類將迎來長久以來夢想中的豐饒世界。在這個意義上的烏托邦將得以實現。

那麼，在此階段之上的社會需求、尊重需求和自我實現的需求又是如何呢？這些可以說是精神上的需求。

生成式人工智慧將有助於達成社會需求和尊重需求。這一點正是與機械化、電氣化等傳統技術進步的不同之處。這是因為生成式人工智慧能夠承擔以往那些單調乏味的工作，

使得人類能夠專注於只有人類才能完成的工作。在這個意義上，這就不是單純的自動化而已。

生成式人工智慧並不會直接實現這些需求中的任何一項。人類用它作為工具來實現馬斯洛各種需求的部分。

■ 在創造平等社會上

透過生產力的提升，整體經濟將會更加繁榮。然而，這並不意味著平等能夠自動實現。

當然，生成式人工智慧所帶來的變化中，有些是有助於促進平等的。首先，社會整體富裕後，最低收入就有可能提高。此外，若基本服務能夠保障每個人，則有助於確保最低生活水準。教育機會均等化將長期能促進收入的增加。然而，僅憑這點，不能實現平等的所得分配。生成式人工智慧並不擁有直接平等分配的能力。

實現分配平等基本上是政策的任務。特別重要的有兩點。第一是與知識價值相關的各種制度。尤其是獲得知識的費用。這是社會基本制度之一。

如第五章所述，這個問題並不僅僅由日本決定。由於生成式人工智慧的開發者主要是美國企業，因此美國的政策將決定基礎。然而，由於這是一個具國際性問題，因此必須在國際框架內解決問題。這是 G7 廣島峰會所確認的方向。在這一調整過程中，日本必須扮演一角。

作為推進平等化的另一重要制度是稅制。在日本，對來自金融資產的所得課稅，對擁有高額資產者而言是有利的，

CHAPTER 9 / 我們能否實現烏托邦？

這是一個重大問題。如何改變這一點將成為未來的一個重大問題。以上所述的問題如何應對，對日本的未來而言是具有極其重要的意義。

▪ 社會的形態高度取決於政策

整體社會將會變得如何，大大地取決於政策。日本政府在修訂版《新資本主義》中，決定將促進生成式人工智慧的研發。這當然是好事。

然而，日本製造的生成式人工智慧是否可以期望與美國製造的有著相同的能力，這點值得懷疑。與其試圖實現不可能的事，還不如面對現實尋求因應之道才是必要的，不是嗎？舉例來說，即便不會開發基本模型，但也可以在其應用層面上促進發展。或者，去改變企業的決策方式等。

政府最重要的角色是思考為了使用這項新技術需要什麼樣的社會機制，並且為實現這點而努力。例如，生成式人工智慧的使用費用。如果只有部分的人能使用，則會擴大差距。另一方面，如果是免費的，則會有更多人使用，促進平等化。除此之外，總體經濟政策也很重要。能否防止失業取決於勞動市場的流動性能進展到什麼程度。至於教育制度會變成什麼樣子，這會根據政策而有很大的改變。那將對收入分配的長期演變帶來重大影響。

第九章總結

1. 透過生成式人工智慧的使用,生產力提升,豐富的社會得以實現。所需的東西,任何人都能夠充分得到。
2. 人類從單調且乏味的勞動中解放出來,能夠專注於有意義的工作。
3. 所有人都可以接受教育和專業服務。藉此,所得分配將變得更為平等。此外,每個人都能確保獲得醫療、法律保護等基礎服務。
4. 人類能夠實現馬斯洛階梯的最上層,即「自我實現需求的滿足」。

結語

1 \ 歡迎破壞秩序的大變化

■「什麼都沒有」是不可能的

過去出現了各種新技術,其中也有尚未普及開來就消失不見。有人認為生成式人工智慧屬於後者之一。也有人曾經說過:「ChatGPT 的熱潮最終會平息,人們會完全忘記它。」法國國王於 1789 年 7 月 14 日日記中寫下「什麼都沒有」,現在的日本也存在著與該國王有著相同認知的人。

然而,革命已經在進行中。ChatGPT 於 2022 年 11 月底公開,但據說在兩個月內用戶就已超過一億。如此迅速普及的新技術前所未有。而且,生成式人工智慧是用於許多用途的一般廣泛應用的技術,因其普及將對社會結構產生巨大變化。

■ 平靜的生活被打亂

新技術會破壞以往的社會秩序。有人的看法是,「將以往平靜的生活打亂,這本身就是不樂見的。」這想法是合理的。

在 1980 年代,逐漸可以使用文字處理器來寫作時,許多人抵制它。曾經也有人說:「文章是用筆寫在稿紙上的,因為筆的觸感會傳遞到手指,才能寫作。」這樣的感受並不難理解。人類對新出現的事物會本能地表現出拒絕的反應。對

結語

於過去的工作方式和生活方式被打亂,就會產生抗拒。

不過話說回來,如今即使用筆寫稿,出版社也不會接受吧。同樣的情況也可以用於 ChatGPT 上。如果不使用這項技術,將變得無法從事腦力工作吧。

▪ 是反烏托邦,還是烏托邦?

而且,因為逐漸能夠用文字處理器寫文章,所以社會變得更好,其實並沒有這回事。實際上,因為逐漸能簡單地寫出文章,所以也出現品質低的文章在社會上氾濫的一面。生成式人工智慧帶來的負面影響將會比其大得多。

也就是說,新技術也有可能帶來反烏托邦。任何技術都有這種一體兩面的特性,但其程度會因技術而異。當蒸汽機變成電動馬達時、煤油燈變成電燈時,幾乎沒有負面影響。相較之下,生成式人工智慧的雙面刃特性尤其強烈。

正如在〈前言〉中所述,生成式人工智慧所創造的世界可以是烏托邦,也可以是反烏托邦。反烏托邦和烏托邦的具體形態在第八章和第九章中有所描述。這兩者有著巨大的差異。而且,並不能確定將會變成其中的哪一種。最危險的是對這項技術的漠不關心。或者是低估它,或者背棄它。

▪ 透過破壞秩序的新技術才能創造新社會

革命已經開始,因此無法停止。只能應對。這樣的闡述已經有好幾次了。這一點本身並沒有錯誤。然而,就僅僅如

此，顯得過於缺乏主體性。我們必須更積極地思考。

　　我們可以把握這個機會，追求新的可能性。雖然說生成式人工智慧會擾亂以往的社會秩序，但以往的社會並非在各方面都是理想的。所以，在新的社會中才有可能可以實現正義也說不定。

　　從這個角度來想，生成式人工智慧的登場是個絕佳的機會。如果現有的社會體系要被顛覆，那麼考慮它該朝著什麼方向發展才是最重要的。

　　舉例來說，如何設定 ChatGPT 的使用條件，這會因政策而大幅改變。如此一來，新技術的受益者，可以僅限於一些富有的人；相反地，也可以擴大到所有人。

　　因此，未來並不是注定的，而是創造出來的。為此，我們必須充分了解生成式人工智慧的性質，以及充分明瞭它對社會帶來的影響。然後，朝著實現理想社會的方向，在政治上倡導，這也是必要的。能否實現這樣的過程，成為決定國家、企業和個人的未來。

結語

2 ＼ 秘密研究 Q* 將為人類帶來什麼？

▪ 奧特曼被解僱引發騷動的原因是因為威脅人類的研究嗎？

ChatGPT 的開發始祖、OpenAI 的首席執行長山姆・奧特曼（Sam Altman）在 2023 年 11 月 17 日突然被解職，引發全球震驚。在數天後，要求他復職的員工簽名連署運動展開，奧特曼最終又回到 OpenAI。

對於突如其來的騷動為何發生，有各種猜測甚囂塵上，但報導指出，這是因為 OpenAI 正在進行的一個秘密研究專案，對該專案的意見分歧所致[註1]。

秘密研究是名為 Q*（「Q-star」）的專案。其詳細內容仍然成謎，但據說這是一項旨在讓 ChatGPT 數學能力提升的研究。

▪ ChatGPT 的數學能力差

為了解釋這項專案為何具有重要意義，必須先說明目前 ChatGPT 的數學能力差一事。許多人可能認為，「ChatGPT 是人工智慧，因此數學能力應該很好」。然而，事實恰恰相反。

讓它解連立方程式時，出現錯誤答案；要求證明一個定

〈註1〉 「万能 AI」進む研究開発、日本經濟新聞、2023 年 12 月 1 日。

理時，持續犯下異常錯誤的計算，最後卻說「證明完成了」。真是毫無用處的東西！

不僅僅是數學。在形式邏輯的應用中也有出錯的時候。例如，逆命題和對偶命題混為一談，得出錯誤的結論。

這些問題不僅存在於 ChatGPT，對於其所基於的大型語言模型來說也是共同的問題。

▪ 無法進行符號接地是人工智慧數學能力差的原因嗎？

為什麼人工智慧的數學能力會這麼差呢？一般認為，其根本原因在於大型語言模型理解詞語和概念等的方式。也就是說，人工智慧以異於人類的方式進行理解。

人類將各種詞語、概念、符號等與自身經驗聯繫起來理解。例如，「疼痛」的概念是用受傷或頭痛的經歷來理解的。人類將各種事物與自己所見所聞的東西或親身經歷的事情聯繫起來理解。這稱為「符號接地（symbol grounding）」。

然而，大型語言模型的理解方式則與其截然不同。正如第六章第五節所解釋的那樣，將詞語以向量呈現出來並計算詞語之間的關聯，藉此來理解。

預訓練的文本中也有數學方面的文獻。這些也被理解為詞語之間的關係。這與人類理解數學的方式不同。

如果說大型語言模型的數學能力差是因為無法進行符號接地，那麼這就是本質上的問題。因為電腦沒有身體。

因此，以人工智慧能夠實現符號接地為目標，迄今已經

進行了各種研究。然而，並未取得顯著的成果。

▪ 在 Q* 中是否出現了突破？

或許在 Q* 中有了劃時代的突破也說不定。事實上，奧特曼在解僱事件的幾天前表示：「（人工智慧的發展）已進入未知領域。能力將會進化到沒有人能預測的程度。」[註2]此外，報導也指出，OpenAI 的幾名員工致函董事會，「對於發現強大的人工智慧有可能對人類構成威脅，提出警告」[註3]。

雖然不知道是在什麼方向有所突破，但或許是人工智慧已經能進行符號接地了也說不定。藉此人工智慧有可能逐漸能夠像人類一樣理解各種事物。

如第二章第三節所述，生成式人工智慧已經在藥物發現等領域進行創造性活動。到目前為止，人工智慧也在所謂材料資訊學的領域中，對新材料的開發作出貢獻。Q* 的突破可能會提高這類工作的效率也說不定。

藉此，將促進技術開發，但也存在著這項技術有可能會被用於武器開發上的危險。是否在 OpenAI 裡，這樣的危險也被提出來討論，但意見分歧，最終導致奧特曼被解職呢？

〈註2〉 「万能 AI」進む研究開発、日本経済新聞、2023 年 12 月 1 日。
〈註3〉 GIGAZINE、2023 年 11 月 24 日。

■ 符號接地並不一定是好的

話說回來，問題更加複雜。

人類透過符號接地來理解各種概念，因此在解釋難解的概念或抽象的事物時，若舉例或打比方的話，就能與現實生活經驗聯繫起來理解，也就變得易懂。

然而，這種理解方式未必總是好的。因為有時會受到實際經驗的限制和束縛。

實際上，使科學進步的正是那些不受實際經驗羈絆的創意想法。典型的例子就是哥白尼的地動說。在基於實際經驗的理解上，也就是符號接地的理解上，地球是不可能移動的。地球靜止在宇宙的中心，太陽、月亮和星星都繞著地球轉動。然而，基於這種理解的地心說未能完全描述天體運動。藉由跳脫符號接地的理解，認為地球在轉動，科學革命才得以實現。

伽利略的不同重量的物體在真空中以相同的速度下落的理論、牛頓認為不受力的物體進行等速運動的理論，或是愛因斯坦的時間和空間膨脹和收縮的理論也都是如此。這些想法絕對不會從受制於實際經驗的理解中發想出來。

■ 真正擴大人類可能性的創意想法是什麼？

如果這樣想的話，人工智慧飛躍性的進步可能不是像人類那樣透過符號接地來實現的，而是透過完全不同的方式來實現也說不定。像這樣，問題就複雜了。

什麼樣的世界理解或發想方式是最強大的？是人類的符

結語

號接地式的思考方式嗎？或是超越它的東西？還是直至今日的大型語言模型的思維以某種形式演化而來的呢？

接下來是，在實現了這些種種的世界裡，人類的角色會是什麼呢？人類能否持續掌控人工智慧呢？

可以想見，人類總有一天將會面臨這些問題吧。只是，那被認為是很久以後的事。然而，說不定這些問題已經成為現實中的問題了。

什麼樣的方法可以達成有效地利用人工智慧，並將人類的能力提升到最大極限呢？知識世界將因此會發生怎樣的變化呢？關於這個問題，我希望在本書的續篇中進行論述。

参考文献

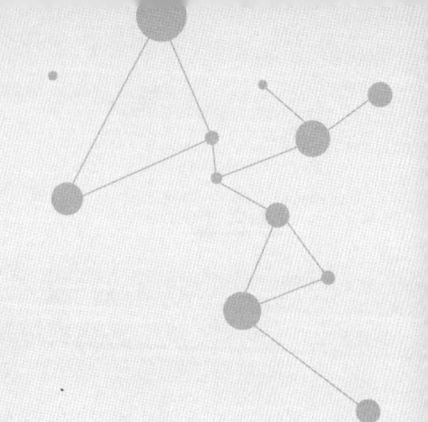

第一章

- Wayne Xin Zhao et.al., "A Survey of Large Language Models," arXiv:2303.18223 [cs.CL] last revised 11 Sep 2023.
- A. Shaji George et.al., "A Review of ChatGPT AI's Impact on Several Business Sectors," *PUIIJ*, January-February 2023.
- 野口悠紀雄『「超」創造法：生成AIで知的活動はどう変わる？』幻冬舎新書、2023年。

第二章

- マッキンゼー・アンド・カンパニー「生成AIがもたらす潜在的な経済効果：生産性の次なるフロンティア」2023年6月14日。
- 野口悠紀雄『ブロックチェーン革命：分散自立型社会の出現』日本経済新聞出版、2017年。

第三章

- 野口悠紀雄『データ資本主義：21 世紀ゴールドラッシュの勝者は誰か』日本経済新聞出版、2019 年。

第六章

- Ashish Vaswani et.al., "Attention Is All You Need," arXiv:1706.03762v7 [cs.CL], 2 Aug 2023.
- 野口悠紀雄『AI 入門講座』東京堂出版、2018 年。
- 岡野原大輔『大規模言語モデルは新たな知能か』岩波科学ライブラリー、2023 年。

第七章

- Goldman Sachs, "The Potentially Large Effects of Artificial Intelligence on Economic Growth," 26 March 2023.
- Edward W. Felten et.al., "How will Language Modelers like ChatGPT Affect Occupations and Industries?," 18 March 2023.
- Tyna Eloundou et.al., "GPTs are GPTs: An Early Look at the Labor Market Impact Potential of Large Language Models," 17 March, 2023.

第八章─────

- カイフー・リー（李開復）、チェン・チウファン（陳楸帆）、（中原尚哉訳）『AI2041：人工知能が変える20年後の未来』文藝春秋、2022年。

台灣廣廈 國際出版集團
Taiwan Mansion International Group

國家圖書館出版品預行編目（CIP）資料

主宰未來的生成式AI大革命：全方位剖析生成式人工智慧所帶來的社會環境、企業發展、個人前途……等全面的影響與如何因應 / 野口悠紀雄 著，葉冰婷 譯. -- 初版. -- 新北市：財經傳訊, 2025.06
面；　公分 -- (Sense；83)
ISBN 978-626-7197-92-9（平裝）
1.CST：人工智慧　2.CST：機器學習

312.83　　　　　　　　　　　　　　　　　　　　114003901

財經傳訊
TIME & MONEY

主宰未來的生成式AI大革命：
全方位剖析生成式人工智慧所帶來的社會環境、企業發展、個人前途……等全面的影響與如何因應

作　　者／野口悠紀雄	編 輯 長／方宗廉
譯　　者／葉冰婷	封面設計／張天薪
	製版・印刷・裝訂／東豪・弼聖・紘億・秉成

行企研發中心總監／陳冠蒨　　線上學習中心總監／陳冠蒨
媒體公關組／陳柔彣　　　　　企製開發組／張哲剛
綜合業務組／何欣穎

發　行　人／江媛珍
法 律 顧 問／第一國際法律事務所 余淑杏律師・北辰著作權事務所 蕭雄淋律師
出　　　版／台灣廣廈有聲圖書有限公司
　　　　　　地址：新北市235中和區中山路二段359巷7號2樓
　　　　　　電話：（886）2-2225-5777・傳真：（886）2-2225-8052

代理印務・全球總經銷／知遠文化事業有限公司
　　　　　　地址：新北市222深坑區北深路三段155巷25號5樓
　　　　　　電話：（886）2-2664-8800・傳真：（886）2-2664-8801
郵 政 劃 撥／劃撥帳號：18836722
　　　　　　劃撥戶名：知遠文化事業有限公司（※ 單次購書金額未達1000元，請另付70元郵資）

■出版日期：2025年6月　ISBN：978-626-7197-92-9
　　　　　　　　　　　　版權所有，未經同意不得重製、轉載、翻印。

SEISEI AI KAKUMEI：SHAKAI WA KONTEI KARA KAWARU written by Yukio Noguchi.
Copyright © 2024 by Yukio Noguchi.
All rights reserved.
Originally published in Japan by Nikkei Business Publications, Inc.
Traditional Chinese translation rights arranged with Nikkei Business Publications, Inc. through Keio Cultural Enterprise Co., Ltd.